TABLE ANALYTIQUE

POUR FACILITER

L'ÉTUDE DES PLANTES

DANS LA

NOUVELLE FLORE

DU

DÉPARTEMENT DE LA MOSELLE

PRIX : 1 FRANC

METZ

...u. et Lith. de J. VERRONNAIS
rue des Jardins, 14

TABLE ANALYTIQUE

POUR FACILITER

L'ÉTUDE DES PLANTES

DANS LA

NOUVELLE FLORE

DU

DÉPARTEMENT DE LA MOSELLE

PRIX : 1 FRANC

METZ

Imprimerie et Lithographie de J. VERRONNAIS

rue des Jardins, 14

1864

TABLE ANALYTIQUE *d'après la méthode de* LAMARCK *et de* DE CANDOLLE, *des genres de plantes décrits dans la Nouvelle Flore de la Moselle.*

Après avoir décrit dans la nouvelle Flore du département de la Moselle les plantes dans l'ordre du système des familles naturelles de De Candolle, généralement adopté aujourd'hui, nous croyons utile de les présenter encore dans une table analytique, comme nous l'avons fait pour la première édition de la Flore. Au moyen de cette table, on pourra, par l'analyse d'une plante, arriver plus facilement à en découvrir le nom.

Cette table analytique, arrangée d'après celle de Lamarck et de De Candolle (Flore française), est, en effet, plus simple et beaucoup plus facile que les tables synoptiques qui accompagnent les nouvelles Flores disposées par familles naturelles. A l'aide de cette table, on apprend à bien distinguer les caractères d'une plante et l'on peut sans beaucoup de peine en trouver le nom générique; puis recourant par le Numéro de renvoi aux descriptions détaillées des plantes de chaque genre dans l'ouvrage, on parviendra de même à découvrir le nom de l'espèce que l'on veut connaître.

Voici la manière de faire usage de la Table analytique :

Chacun des Numéros de la table présente deux caractères opposés avec renvoi à des Numéros suivants, et enfin à la page où se trouve décrit le genre indiqué.

Pour analyser une plante, il faut la prendre au moment où elle est en pleine floraison, entière, et s'il se peut, aussi en fruit; puis en partant du N° 1 de la Table, aller successivement à chacun des Numéros auxquels renvoie celui des deux caractères mentionnés que l'on reconnaît appartenir à cette plante, et continuant ainsi jusqu'à ce qu'on arrive à l'indication d'un genre, qui est celui dont elle fait partie.

Pour déterminer l'espèce, on devra recourir aux passages indiqués dans la Flore, où les espèces du genre sont décrites et distinguées par les caractères qui leur sont propres.

Nota. Les chiffres placés à la fin des lignes renvoient aux Numéros de la Table; ceux qui sont entre deux parenthèses ( ) renvoient aux pages de la Flore.

TABLE ANALYTIQUE.

1. Plantes phanérogames ; fleurs à étamines et pistils apparents, visibles à l'œil nu........................ *Voyez le n°* 2
   Plantes cryptogames, à fleurs nulles ou indistinctes................ *Voyez le n°* 652
2. Fleurs disjointes ou non réunies dans une enveloppe commune, et les anthères libres.................................. 3
   Fleurs conjointes ou réunies plusieurs ensemble dans un calice commun et les anthères soudées......................... 581
3. Fleurs hermaphrodites, c'est-à-dire, munies d'étamines et de pistils................ 4
   Fleurs uni-sexuelles, n'ayant que des étamines ou bien des pistils....... 508 *bis.*
4. Fleurs complètes, c'est-à-dire, munies d'un calice et d'une corolle distincte... 5
   Fleurs incomplètes, munies d'un calice ou d'une corolle seulement, ou dépourvues de l'un et de l'autre..................... 384
5. Corolle monopétale, c'est-à-dire d'une seule pièce........................... 6
   Corolle polypétale, ou de plusieurs pièces. 145

MONOPÉTALES.

6. Ovaire libre, placé dans la corolle...... 7
Ovaire adhérent au calice, ou placé sous la corolle.......................... 129

7. Cinq étamines ou moins............... 8
Six étamines ou plus.................. 123

8. Corolle régulière, ou à parties sensiblement égales....................... 9
Corolle irrégulière, ou à parties inégales, ou à éperons..................... 60

9. Cinq étamines 10
Moins de cinq étamines................ 46

10. Étamines alternes avec les lobes de la corolle.............................. 11
Étamines placées devant les lobes de la corolle.............................. 13

11. Feuilles nulles ou radicales, ou alternes le long de la tige.................... 12
Feuilles opposées ou verticillées........ 39

12. Un seul ovaire simple................. 17
Deux ou 4 ovaires, entre lesquels s'élève le style................................ 29

13. Feuilles alternes ou éparses, ou radicales. 14
Feuilles opposées ou verticillées....... 15

14. Hampe nue, feuilles radicales (page 577)................... PRIMEVÈRE.
Tige feuillée (p. 578)........ SAMOLUS.

15. Cinq étamines 16
Quatre étamines (p. 576)... CENTENILLE.

16. Capsule à cinq valves, fleurs jaunes (page 574).............. LYSIMACHIE.
Capsule s'ouvrant en boîte à savonnette, fleurs jamais jaunes (p. 575). MOURON.

17. Plantes munies de feuilles............ 18
Plantes dépourvues de feuilles (page 476)...................... Cuscute.

18. Limbe de la corolle cilié sur les bords, ou tout hérissé en dessus............ 19
Limbe de la corolle ni velu ni cilié..... 20

19. Limbe de la corolle barbu....... (page 469)...................... Ményanthe.
Limbe de la corolle cilié.......... (page 470)...................... Villarsia.

20. Solanées. { Corolle en roue........... 21
Corolle en entonnoir, ou en tube, ou en cloche...... 25

21. Anthères s'ouvrant par deux fentes longitudinales 22
Anthères s'ouvrant par deux pores à leur sommet (p. 491)........... Morelle.

22. Calice renflé après la floraison, et renfermant la baie (p. 494)... Coqueret.
Calice ne grandissant ni ne se renflant après la floraison.................... 23

23. Corolle un peu irrégulière, étamines souvent velues (p. 498)..... Molène.
Corolle régulière, étamines glabres..... 24

24. Fleurs blanches, graines glabres, baies rouges et lisses (p. 493) ..... Piment.
Fleurs jaunes, graines velues, baie anguleuse et sillonnée (p. 494). Tomate.

25. Corolle parfaitement régulière.......... 26
Limbe de la corolle à lobes inégaux et coupés obliquement (p. 497) Jusquiame.

26. Corolle en forme de tube ou d'entonnoir allongé.......................... 27
Corolle en forme de cloche............ 28

27. Corolle à 5 angles, ou à 5 plis dans sa partie supérieure (p. 496)... DATURA.
Corolle sans angles ni plis, mais à cinq lobes (p. 496)............... TABAC.

28. Fruit charnu ou baie, étamines égales (p. 495)................ BELLADONE.
Fruit capsulaire, étamines inégales, (page 474)..... CONVOLVULACÉES ; LISERON.

29. BORRAGINÉES. { Entrée du tube de la corolle nue........... 30
Entrée du tube munie d'écailles........... 33 }

30. Corolle à lobes égaux, ou alternativement grands et petits....................... 31
Corolle à lobes inégaux et tronqués obliquement (p. 483).......... VIPÉRINE.

31. Corolle à 5 lobes non entremêlés de petites dents.............................. 32
Une dent saillante entre chacun des lobes de la corolle (p. 478).... HÉLIOTROPE.

32. Calice à 5 angles et à 5 lobes qui ne passent pas le milieu (p. 483) PULMONAIRE.
Calice à 5 lobes qui atteignent près de la base (p. 484)............... GRÉMIL.

33. Corolle en tube, ou en entonnoir....... 34
Corolle en roue (p. 480)... BOURRACHE.

34. Corolle en entonnoir, ou à limbe étalé.. 35
Corolle en tube ventru, à limbe droit (page 482)............... CONSOUDE.

35. Tube de la corolle droit.............. 36
Tube de la corolle coudé dans le milieu (p. 481)................... LYCOPSIS.

36. Divisions de la corolle très-entières..... 37
Divisions de la corolle un peu échancrées (p. 486) .... MYOSOTIS.

37. Calice régulier........................ 38
Calice irrégulier (page 479)... RAPETTE.

38. Stigmate simple (page 486).. MYOSOTIS.
Stigmate échancré en deux lobes.... 38 *bis*.

38 *bis*. Corolle en entonnoir, d'un rouge brun (page 479).............. CYNOGLOSSE.
Corolle bleue, en soucoupe...... (page 480).................. OMPHALODÈS.

39. Corolle étranglée et resserrée au-dessus de l'ovaire (page 583)...... NYCTAGE.
Corolle non étranglée au-dessous de l'ovaire 40

40. Un seul ovaire........................ 41
Deux ovaires sous un seul style........ 45

41. Lobes de la corolle ciliés sur les bords ou hérissés en dessus............... 42
Lobes de la corolle ni ciliés ni hérissés. 44

42. Lobes de la corolle barbus en dessus (page 469).............. MÉNIANTHE.
Lobes de la corolle ciliés.............. 43

43. Fleurs bleues (p. 472).. *Gentiane ciliée*.
Fleurs jaunes (p. 470)...... VILLARSIA.

44. Anthères tordues en spirale, fleurs jamais bleues (page 473)........ ERYTHRÉA.
Anthères non tordues après la fécondation (p. 471)........... GENTIANE.

45. Calice à 5 parties profondes........ 45 *bis*.
Calice à 5 dents ou à 5 lobes peu profonds (p. 466)............ ASCLÉPIAS.

45 *bis*. Entrée de la corolle garnie d'appendices très-distincts ; fleurs en corymbe (page 468)................. LAURIER ROSE.
Entrée de la corolle presque nue ; fleurs axillaires (p. 467)....... PERVENCHE.

46. Quatre étamines........................ 47
Deux à trois étamines.................. 55

47. Des feuilles à la racine ou sur la tige... 48
Point de feuilles (p. 476)..... CUSCUTE.

48. Corolle ayant la consistance membraneuse ou écailleuse (page 581)... PLANTAIN.
Corolle colorée, non membraneuse ni scarieuse......................... 49

49. Feuilles opposées le long de la tige..... 50
Feuilles radicales ou alternes.......... 52

50. Un seul ovaire......................... 51
Quatre ovaires au fond du calice....... 121

51. Deux étamines courtes et deux longues (page 571)................ VERVEINE.
Étamines égales entr'elles....... (page 576)................... CENTENILLE.

52. Fleurs agglomérées en têtes serrées (page 579).................. GLOBULAIRE.
Fleurs non réunies en tête............. 53

53. Arbrisseau à feuilles épineuses (page 462)......................... HOUX.
Herbes à feuilles non épineuses........ 54

54. Tige droite, non rampante....... (page 503)...................... DIGITALE.
Tige couchée ou rampante....... (page 511)...................... LIMOSELLE.

55. Un seul ovaire......................... 56
Quatre ovaires au fond du calice (page 541)........................ LYCOPE.

56. Un seul style.......................... 57
Trois styles (p. 270)........... MONTIA.

57. Corolle en roue (p. 511)... VÉRONIQUE.
Corolle en tube ou en entonnoir........ 58

58. Calice et corolle à 4 lobes.............. 59
Calice et corolle à 5 lobes (p. 465). JASMIN.

59. Fruit charnu, fleurs toujours blanches (page 463) .... TROÈNE.
Fruit non charnu, fleurs souvent lilas, (page 463).................... LILAS.

60. Cinq étamines ou plus................. 61
Moins de 5 étamines.................... 63

61. Un seul ovaire.......................... 62
Quatre ovaires au fond du calice (page 483)........................ VIPÉRINE.

62. Etamines libres......................... 20
Etamines réunies toutes ou plusieurs ensemble............................. 64

63. Un seul ovaire........................... 65
Quatre ovaires au fond du calice....... 84

64. Feuilles simples (p. 84)..... POLYGALA.
Feuilles ternées (p. 170)...... TRÈFLE.

65. Deux étamines chargées d'anthères..... 66
Trois étamines chargées d'anthères (page 270) .... MONTIA.
Quatre étamines chargées d'anthères... 69

66. Base de la corolle prolongée en éperon (page 572)............. UTRICULAIRE.
Base de la corolle non prolongée en éperon............................. 67

67. Deux filets stériles et deux chargés d'anthères (page 502)......... GRATIOLE.
Point de filets stériles................ 68

68. Corolle en roue, étamines saillantes, (page 511)............... VÉRONIQUE.
Corolle en cloche très-petite; étamines cachées (page 511)....... LIMOSELLE.

69. Fleurs ramassées en tête dans un calice commun (page 579)..... GLOBULAIRE.
Fleurs libres et non réunies dans une enveloppe commune 70

70. Feuilles nulles, radicales ou alternes... 71
Feuilles opposées ou verticillées....... 76

71. Feuilles nulles, ou changées en écailles. 72
Des feuilles vers la racine ou sur la tige. 73

72. Calice à deux lèvres, stigmate bifide (page 519)............. OROBANCHE.
Calice tubuleux, à 4 lobes, stigmate simple (p. 526)........... LATHRÉA.

73. Corolle à deux lèvres.................. 74
Corolle en roue, en cloche ou en tube.. 75

74. Base de la corolle prolongée en éperon (page 506)................. LINAIRE.
Base de la corolle bossue........ (page 505)..................... MUFLIER.

75. Tige droite, garnie de feuilles (page 503)........................ DIGITALE.
Tige couchée, ou dont les feuilles naissent vers la racine (p. 511)... LIMOSELLE.

76. Calice à 4 dents ou à 4 lobes........... 77
Calice à 5 divisions plus ou moins profondes 80

77. Epi imbriqué de bractées colorées et serrées (p. 527)......... MÉLAMPYRE.
Bractées lâches, nulles ou foliacées..... 78

78. Calice renflé (p. 529)..... RHINANTHUS.
Calice non renflé....................... 79

79. Anthères épineuses à leur base (page 532)...................... EUPHRAISE.
Anthères simplement cotonneuses ou velues (p. 527)......... MÉLAMPYRE.

80. Corolle à deux lèvres très-distinctes.... 81
Corolle à lobes non disposés en deux lèvres bien distinctes................ 82

81. Base de la corolle prolongée en bosse ou éperon.......................... 74
Base de la corolle ni bossue, ni éperonnée (page 528)............ PÉDICULAIRE.

82. Corolle presque globuleuse....... (page 509)................. SCROPHULAIRE.
Corolle tubuleuse...................... 83

83. Fleurs solitaires à l'aisselle des feuilles (page 502)................ GRATIOLE.
Fleurs en épis grêles et presque nus (page 571)................ VERVEINE.

84. LABIÉES. { Deux étamines fertiles....... 85
Quatre étamines fertiles..... 87 }

85. Corolle à deux lèvres bien distinctes.... 86
Corolle tubuleuse, à 4 ou à 5 lobes presqu'égaux (page 541)........ LYCOPE.

86. Etamines placées horizontalement sur un pivot qui naît du fond de la corolle (page 542).................. SAUGE.
Etamines simples, ou un peu dentées à la base (page 541)......... ROMARIN.

87. Corolle à deux lèvres bien distinctes.... 88
Corolle à une seule lèvre, ou à quelques lobes non disposés en lèvres......... 119

88. Etamines couchées sur la lèvre inférieure de la corolle (page 534)..... BASILIC.
Etamines droites ou déjetées du côté supérieur, ou cachées dans le tube... 89

89. Filaments des étamines bifurqués à leur sommet (page 564)........ BRUNELLE.
Filaments des étamines simples et entiers. 90

90. Calice chargé d'une bosse comprimée et arrondie (page 563).... SCUTELLAIRE.
Calice n'ayant pas de bosse remarquable. 91

91. Une ou deux petites dents de chaque côté à la base de la lèvre inférieure de la corolle.............................. 92
Aucune dent à la base de la lèvre inférieure.............................. 93

92. Lèvre supérieure de la corolle entière, anthères velues en dehors..... (page 554)........................ LAMIUM.
Lèvre supérieure dentée, anthères pubescentes en dedans (p. 554). GALEOPSIS..

93. Calice à deux lèvres.................. 94
Calice dont les dents ne sont point déjetées en deux lèvres............... 100

94. Calice nu après la floraison............ 96
Calice fermé de poils après la floraison.. 95

95. Fleurs en têtes serrées et verticillées au sommet des rameaux (p. 544).. THYM.
Fleurs en verticilles peu serrés ou en petits bouquets au haut des tiges et des rameaux (page 345).. CALAMENT.

96. Fleurs axillaires, verticillées ou en épis lâches 97
Fleurs disposées en épis serrés, imbriqués de bractées courtes sous le calice.. 99

97. Fleurs en verticilles ou en têtes serrées (page 547)................ CLINOPODE.
Fleurs solitaires ou en petites grappes lâches 98

98. Lèvre supérieure de la corolle voûtée; fruits glabres (page 547).... MÉLISSE.
Lèvre supérieure de la corolle plane, fruits velus (page 550)..... MELITTIS.

99. Fleurs blanches ou rouge clair, à tube comprimé (page 543)....... ORIGAN.
Fleurs purpurines ou bleues, à tube long et cylindrique (p. 535). LAVANDE.

100. Calice à 10 stries.................... 101
Calice non strié....................... 106

101. Calice nu après la floraison........... 102
Calice fermé de poils après la floraison (page 549)................. NEPETA.

102. Une ou deux fleurs à chaque aisselle.. 103
Fleurs nombreuses, en verticilles serrés 104

103. Etamines écartées les unes des autres, (p. 545)................ SARRIETTE.
Etamines conniventes deux à deux en forme de croix (p. 549)... GLÉCOMA.

104. Calice en cloche, lèvre supérieure de la corolle crénelée.................... 105
Calice cylindrique, lèvre supérieure de la corolle bifide (p. 560).. MARRUBE.

105. Dents du calice molles, corolle petite (page 561).............. BALLOTTE.
Dents du calice épineuses, corolle trois à quatre fois plus longue que le calice (page 554).............. GALÉOPSIS.

106. Chaque ovaire surmonté d'une touffe de poils (p. 562).. *Agripaume cardiaque*.
Point de touffes de poils naissant de l'ovaire 107

107. Calice fermé de poils après la floraison. 108
Calice nu 109

108. Fleurs disposées en bouquets axillaires, formant verticilles (p. 536). MENTHE.
Fleurs disposées en épis serrés, imbriqués de bractées (p. 543). ORIGAN.

109. Etamines plus longues que le tube de la corolle 110
Etamines cachées dans le tube de la corolle.............................. 118

110. Tube de la corolle large et ventru (page 550)................ MELITTIS.
Tube de la corolle étroit.............. 111

111. Bords de la gorge de la corolle rejetés en bas (page 549)........... NEPETA.
Bords de la gorge droits ou peu étalés. 112

112. Tube de la corolle cylindrique non renflé au sommet (p. 559).. BÉTOINE.
Tube de la corolle plus ou moins évasé au sommet........................ 113

113. Etamines rapprochées deux à deux, ou déjetées d'un seul côté............. 114
Etamines droites ou écartées en tous sens 117

114. Lèvre supérieure de la corolle très-entière.............................. 115
Lèvre supérieure de la corolle échancrée ou bifide.......................... 116

115. Fleurs jaunes (p. 553).. GALÉOBDOLON.
Fleurs blanches ou rouges...... (page 551)...................... LAMIUM.

116. Etamines défleuries rejetées sur les côtés de la corolle (p. 556)...... STACHYS.
Etamines défleuries non déjetées de côté (page 562)............. AGRIPAUME.

117. Fleurs déjetées d'un même côté, corolle distinctement labiée (p. 548). HYSOPE.
Fleurs non déjetées d'un seul côté, corolle peu labiée.................. 119

118. Fleurs en épis terminaux....... (page 535)..................... LAVANDE.
Fleurs en verticilles axillaires... (page 562)..................... AGRIPAUME.

119. Lobes de la corolle paraissant prolongés en une seule lèvre................. 120
Lobes de la corolle à peu près égaux en tous sens......................... 121

120. Lèvre supérieure nulle.......... (page 568).................. GERMANDRÉE.
Lèvre supérieure remplacée par deux dents, fruits ridés (p. 566)... BUGLE.

121. Feuilles entières ou dentées.......... 122
Feuilles découpées, fleurs en épis très-grêles (p. 571)........... VERVEINE.

122. Corolle à 5 lobes presqu'égaux.. (page 545).................... SARRIETTE.
Corolle à 4 lobes, dont le supérieur entier ou échancré (p. 536). MENTHE.

---

123. Un seul ovaire......................... 124
Plusieurs ovaires....................... 128

124. Corolle régulière....................... 125
Corolle irrégulière...................... 64

125. Tige ligneuse........................ 126
Tige herbacée (page 452)..... PYROLE.

126. Un seul stigmate simple.............. 127
Quatre stigmates, ou un seul partagé en quatre lobes (p. 712). PARISETTE.

127. Calice simple.................... 127 *bis*.
Calice double (page 451).... BRUYÈRE.

127 *bis*. Baie globuleuse (page 448). AIRELLE.
Capsule à 5 loges (p. 450)... ANDROMÈDE.

128\. Fleurs de couleur herbacée, épis grêles (page 667)............... TROSCART.
Fleurs blanches ou rougeâtres, en ombelle ou en rameaux verticillés (page 664)...................... ALISMA.

129\. Feuilles nulles, alternes ou opposées.. 130
Feuilles verticillées.................... 141

130\. Cinq étamines 131
Quatre étamines ou moins............ 137

131\. CAMPANULACÉES. { Anthères adhérentes ensemble.......... 132
Anthères distinctes.. 133 }

132\. Etamines insérées sous la corolle, une seule graine........................ 581
Etamines non insérées sur la corolle, capsule à plusieurs graines.... (page 441)...................... JASIONE.

133\. Feuilles alternes ou éparses........... 134
Feuilles opposées.................... 135

134\. Corolle à lobes linéaires........ (page 442).................. PHYTEUMA.
Corolle à lobes ovales ou arrondis. 134 *bis.*

134 *bis*. Corolle en cloche; ovaire ou tube du calice ovoïde ou arrondi... (page 443) .... CAMPANULE.
Corolle en roue; ovaire ou tube du calice en prisme allongé........... (page 447) .... PRISMATOCARPUS.

135\. Tige ligneuse......................... 136
Tige herbacée (p. 583)...... NYCTAGE.

136\. Fleurs en corymbe, 3 stigmates....... 137
Fleurs latérales ou en bouquets, un stigmate (page 339). CHÈVREFEUILLE.

137. Feuilles entières (page 338)... VIORNE.
Feuilles composées ou pinnatifides (page 336)...................... SUREAU.

138. Quatre étamines....................... 139
Moins de 4 étamines...................... 140

139. DIPSACÉES. { Fleurs entremêlées de paillettes épineuses (p. 355)........ DIPSACUS.
Fleurs nulles ou non épineuses (p. 357) SCABIEUSE

140. VALÉRIANÉES { Graine ou capsule couronnée d'une aigrette plumeuse...... (page 351)...... VALÉRIANE.
Graine sans aigrette, calice à 5 dents... (page 352)......... MACHE.

141. RUBIACÉES.. { Corolle en roue ou en cloche.............. 142
Corolle en entonnoir.... 144

142. Fruit composé de deux baies, souvent trois étamines (page 343).. GARANCE.
Fruit composé de deux coques ; jamais cinq étamines......................... 143

143. Toutes les fleurs hermaphrodites (page 343)...................... GAILLET.
Fleurs les unes mâles et les autres hermaphrodites (page 344)... VALANTIA.

144. Fruit non couronné par les dents du calice (page 341)........ SHÉRARDIA.
Fruit couronné par les dents du calice (page 342).............. ASPÉRULE.

POLYPÉTALES.

145. Ovaire libre, ou dans la corolle....... 146
Ovaire adhérent au calice, ou sous la corolle........................... 309

146. Un seul ovaire......................... 147
Plusieurs ovaires 286

147. Corolle régulière...................... 148
Corolle irrégulière 247

148. Dix étamines ou moins................ 149
Onze étamines ou plus................ 234

149. Trois pétales (p. 118)........ ELATINE.
Quatre pétales......................... 150
Cinq pétales............................ 193
Six pétales 233

150. Deux étamines (page 464)..... FRÊNE.
Quatre étamines 151
Six étamines, dont deux plus courtes.. 156
Huit étamines 154

151. Tige herbacée.......................... 153
Tige ligneuse........................... 152

152. Feuilles épineuses (page 462)... HOUX.
Feuilles non épineuses (p. 151). FUSAIN.

153. Capsule uniloculaire, polysperme (page 101) .... SAGINE.
Capsule à 8 loges et à 8 graines (page 121)...................... RADIOLE.

154. Tige garnie de feuilles, 4 styles....... 155
Tige garnie d'écailles et point de feuilles (page 453)............. MONOTROPA.

155. Pétales retrécis en onglet, herbes non aquatiques (page 119).......... LIN.
Pétales sessiles ; herbes aquatiques (page 118) .... ELATINE.

156. Crucifères { Ovaire ou fruit grêle quatre fois au moins plus long que large 157
Ovaire ou fruit dont la longueur ne passe pas quatre fois la largeur . . . . 178 }

157. Calice à folioles demi-ouvertes ou étalées. 158
Calice exactement fermé, à folioles droites 163

158. Quatre glandes sur le disque de la fleur; silique souvent terminée par une corne 159
Point de glandes sur le disque de la fleur; silique jamais terminée en corne. 160

159. Calice très-ouvert, feuilles non embrassantes (page 55). . . . . . . Moutarde.
Calice peu ouvert et bossu à sa base, feuilles embrassantes (page 53). Chou.

160. Onglets des pétales longs, valves de la silique se roulant en dehors avec élasticité, fleurs jamais jaunes . . . (page 44) . . . . Cardamine.
Onglets courts, valves non élastiques, fleurs souvent jaunes. 161

161. Siliques ayant leurs valves sans côtes ni nervures, fleurs blanches. . . . (page 39) . . . . Nasturtium

161 (S.) Valves munies d'une seule nervure sur leur dos, fleurs jaunes. 162
Valves munies de trois nervures, fleurs jaunes (page 49). . . . . Sisymbre.

162. Semences disposées en une seule série (page 57). . . . . Erucastrum.
Semences disposées irrégulièrement en deux séries (page 58). . . Diplotaxis.

163. Silique cylindrique ou comprimée..... 165
Silique tétragone 164

164. Valves mutiques ; stigmate simple, semence globuleuse (p. 41). BARBARÉA.
Valves sessiles, stigmate bifide, semences ovales (page 51)......... ERYSIMUM.

165. Siliques dont les valves se roulent en dehors avec élasticité (p. 47). DENTAIRE.
Siliques dont les valves s'ouvrent sans élasticité 166

166. Silique bosselée et comme articulée (p. 72) .... RADIS.
Silique ni bosselée, ni articulée 167

167. Graines entourées d'une bordure membraneuse......................... 168
Graines non bordées de membranes ... 169

168. Fleurs blanches ou rouges, étamines sans dents (p. 37).. MATHIOLE (*Quarantain*).
Fleurs jaunes ; étamines dentées (page 38) .... GIROFLÉE.

169. Feuilles de la tige embrassantes à leur base............................ 170
Feuilles de la tige nulles ou non embrassantes à leur base 173

170. Fleurs blanches, ou rouges, ou bleues. 171
Fleurs jaunes ou jaunâtres 172

171. Graines comprimées, fleurs assez petites (pages 42) .... ARABIS.
Graines globuleuses, fleurs assez grandes (page 53)................... CHOU.

172. Siliques à une seule graine, feuilles entières (page 71)............ PASTEL.
Siliques à plusieurs graines, feuilles dentées ou découpées (page 53) .. CHOU.

173. Siliques non terminées par une corne.. 174
Siliques terminées en corne... (page 53)........................ Chou.

174. Stigmate simple ou en tête............ 176
Stigmates à deux lobes distincts à la base, rapprochés au sommet........ 175

175. Calice fermé; deux bosses à la base, graines presque triangulaires (page 48)........................ Julienne.
Calice lâche, à base égale, graines presque cylindriques (p. 50)... Alliaire.

176. Silique cylindrique, fleurs souvent jaunes (page 49)............ Sisymbre.
Silique comprimée, fleurs jamais jaunes. 177

177. Siliques nombreuses, grêles, serrées contre la tige; graines en deux séries (page 42)................ Tourette.
Siliques étalées ou divergeantes; graines en une seule série (page 42). Arabis.

178. Plus d'une graine dans chaque loge de la silicule........................ 179
Silicule monosperme, ou divisée en loges monospermes........................ 189

179. Silicule échancrée au sommet......... 180
Silicule entière et non échancrée...... 183

180. Pétales égaux........................ 181
Deux pétales extérieurs plus grands (page 66).................. Iberis.

181. Silicule échancrée au sommet, valves carénées avec rebords........... 182
Silicule non échancrée au sommet, triangulaire; valves carénées, sans rebords (page 69)............. Capsella.

182. Calice persistant ; valves de la silique en carène ailée (p. 64). . . . . THLASPI.
Calice caduc ; valves crénelées (page 65). . . . . TEESDALIA.

183. Silicule plane (page 59) . . . . ALYSSON.
Silique convexe ou bombée 184

184. Valves de la silicule planes, concaves ou hémisphériques 185
Valves de la silicule courbées en carène (page 67). . . . . LÉPIDIUM.

185. Silicule ovoïde ou globuleuse. 187
Silicule oblongue. 186

186. Feuilles pinnatifides (page 49). SISYMBRE.
Feuilles entières ou dentées. . . . (page 60) . . . . DRAVE.

187. Fleurs blanches. 188
Fleurs jaunes ou jaunâtres. . . . . (page 62) . . . . CAMÉLINE.

188. Silicule munie d'une nervure dorsale apparente (page 60) . . . COCHLÉARIA.
Silicule dépourvue de nervure dorsale (page 61). . . . . ARMORACIA

189. Silicule à une seule loge (p. 71). PASTEL.
Silicule à deux ou quatre loges 190

190. Silicule ovoïde ou globuleuse. 191
Silicule comprimée, dentée sur le dos des valves (page 70). . . . SENNEBIÉRA.

191. Silicule s'ouvrant à la maturité, fleurs toujours blanches (p. 60) COCHLÉARIA.
Silicule ne s'ouvrant point à la maturité, fleurs jaunes ou blanches. 192

192. Fleurs jaunes (page 71). . . . . . . NESLIA.
Fleurs blanches (page 72) . . CALÉPINA.

193. Cinq étamines ou moins 194
Plus de cinq étamines 205

194. Cinq styles 195
Moins de cinq styles 197

195. Feuilles alternes ou radicales. 196
Feuills opposées. 216

196. Feuilles chargées de poils glanduleux; capsules polyspermes (p. 82). Rossolis.
Feuilles sans poils glanduleux, une graine nue (page 580) . . . Staticé.

197. Arbres ou arbrisseaux 198
Herbes. 202

198. Feuilles alternes. 199
Feuilles opposées 201

199. Fleurs terminales (p. 332) . . . Lierre.
Fleurs axillaires ou opposées aux feuilles. 200

200. Des vrilles opposées aux feuilles. . 200 *bis*.
Point de vrilles (p. 152). . . Nerprun..

200 *bis*. Feuilles lobées ; baie à une loge page 136) . . . . Vigne.
Feuilles palmées ; ovaire bi ou tétrasperme (p. 138). . . . . . Ampélopside.

201. Un seul stigmate ; ovaire entouré d'un disque glanduleux (p. 151). . Fusain.
Deux stigmates, point de disque (page 133). . . . . Erable.

202. Feuilles toujours alternes 203
Feuilles opposées ou alternes 249

203. Cinq faisceaux de glandes pédicellées dans la fleur (page 83) . . Parnassie.
Point de glandes dans la fleur 204

204. Calice tubuleux ....(page 264). . . *Salicaire à feuilles d'hysope.*
Calice en cloche (page 272). CORRIGIOLE.
205. Un seul style........................ 206
Plusieure styles ou point de style et plusieurs stigmates................ 210
206. Feuilles alternes ou nulles........... 207
Feuilles opposées (p. 133)... ERABLE.
207. Point de feuilles vertes ....(page 453)................... MONOTROPA.
Des feuilles vertes.................. 208
208. Fleurs jaunes (page 149)........ RUE.
Fleurs blanches ou rougeâtres........ 209
209. Feuilles entières ou dentées....... 209 *bis.*
Feuilles ailées (page 150).... DICTAME.
209 *bis.* Calice tubuleux à cinq ou six dents (p. 264). *Salicaire à feuilles d'hysope.*
Calice ouvert, à cinq lobes...... (page 452).................... PYROLLE.
210. Arbres ou arbrisseaux(p. 133). ERABLE.
Tige herbacée ou à peine ligneuse 211
211. Feuilles alternes ou radicales.......... 212
Feuilles opposées 216
212. Deux styles (page 282)..... SAXIFRAGE.
Quatre ou cinq styles................. 213
213. Feuilles à trois folioles (p. 148). OXALIS.
Feuilles simples, entières, ou découpées, ou pinnatifides............... 214
214. Feuilles entières, sans stipules (page 119)......................... LIN.
Feuilles découpées, munies de stipules. 215
215. Cinq étamines fertiles et cinq stériles (page 145) .... ERODIUM.
Dix étamines toutes fertiles.. (page 140) .... GÉRANIUM.

216. Calice divisé jusqu'à la base en cinq parties........................... 217
Calice dont les divisions n'atteignent pas ou dépassent peu le milieu...... 228

217. Dix étamines......................... 218
Moins de dix étamines................. 222

218. Deux styles (page 88)..... GYPSOPHILE.
Trois styles.......................... 219
Cinq styles........................... 220

219. Pétales entiers ou un peu échancrés (page 102)................. SABLINE.
Pétales profondément divisés en deux lobes (page 106).......... STELLAIRE.

220. Pétales entiers (page 102).. SPARGOUTE.
Pétales divisés profondément en deux lobes.............................. 221

221. Capsule s'ouvrant au sommet, à dix dents (page 111).......... CÉRASTIUM.
Capsules à cinq valves, légèrement bifides au sommet (p. 111).. MALACHIUM.

222. Trois styles.......................... 223
Quatre styles......................... 224
Cinq styles........................... 227

223. Fleurs terminales en ombelles, à pédoncules inégaux (p. 105). HOLOSTÉUM.
Fleurs solitaires, terminales ou axillaires (p. 107). *Stellaire intermédiaire.*

224. Huit étamines fertiles ou six (page 118)........................ ELATINE.
Quatre étamines fertiles.............. 225

225. Calice à quatre pièces entières, capsules à quatre valves............. 226
Calice à quatre pièces découpées, capsules à huit valves (p. 121). RADIOLE.

226. Capsule s'ouvrant en quatre parties par le haut (page 101) .... SAGINE.
Capsule s'ouvrant en huit parties (page 110) .... MŒNCHIA.

227. Etamines distinctes à la base.......... 220
Etamines un peu soudées à la base, capsule à dix valves (p. 119)..... LIN.

228. Dix étamines........................ 229
Moins de dix étamines .... (page 264).... *Salicaire à feuilles d'hysope.*

229. Deux styles 230
Trois styles (page 94).......... SILÉNÉ.
Cinq styles........................ 232

230. Calice en tube, à cinq dents.......... 231
Calice en cloche, à cinq divisions (page 88).................. GYPSOPHILE.

231. Calice entouré à la base de deux ou quatre bractées (page 89).. ŒILLET.
Calice nu à la base (p. 93). SAPONAIRE.

232. Calice à cinq divisions longues et foliacées, pétales entiers (p. 100). GITHAGO.
Calice à cinq dents, pétales échancrés, (page 97)................ LYCHNIS.

233. Herbes à feuilles opposées.....(page 264).................... PÉPLIDE.
Arbrisseaux à feuilles alternes ou en faisceaux (page 28)... EPINE-VINETTE.

234. Calice à deux folioles ou à deux lobes profondes........................ 235
Calice à plus de deux folioles ou de deux lobes........................ 237

235. Cinq pétales; calice persistant (page 269) .... POURPIER.
Quatre pétales; calice caduc 236

236. Cinq à dix stigmates ; ovaires globuleux, ou ovoïde (page 31)........ PAVOT.
Un stigmate à deux lobes....... (page 33)..................... CHÉLIDOINE.

237. Pétales insérés sur le calice.......... 238
Pétales non insérés sur le calice...... 240

238. Ovaire sessile; stigmate simple........ 239
Ovaire pédonculé ; trois stigmates, tige laiteuse (page 617)...... EUPHORBE.

239. Calice à cinq parties profondes........ 35
Calice à dix ou douze dents......(page 263)..................... SALICAIRE.

240. Feuilles alternes ou radicales....... .. 241
Feuilles opposées ou verticillées...... 245

241. Etamines libres et distinctes.......... 242
Etamines soudées par les filets........ 306

242. Arbres ou arbrisseaux (p. 128): TILLEUL.
Herbes.............................. 243

243. Plantes aquatiques, feuilles entières... 244
Plantes non aquatiques; feuilles découpées (page 27)............ ACTÆA.

244. Fleurs blanches, calice à quatre sépales (page 29)............... NÉNUPHAR.
Fleurs jaunes; calice à cinq sépales, (page 30)................. NUPHAR.

245. Etamines distinctes par leur base..... 246
Etamines soudées par leur base (page 130)................. MILLEPERTUIS.

246. Vingt étamines au moins, un stigmate (page 74)............ HÉLIANTHÈME.
Dix à douze étamines, deux stigmates (page 133)................ ERABLE.

247. Filaments des étamines libres et non soudés 248
Filaments des étamines soudés, tous ou plusieurs ensemble.................. 252

248. Un éperon à la base du calice ou de la corolle 249
Point d'éperon 251

249. Cinq étamines, éperon naissant de la corolle 250
Huit étamines, éperon naissant du calice (page 146) .... CAPUCINE.

250. Calice à cinq folioles (p. 75). VIOLETTE.
Calice à deux folioles (p. 147). BALSAMINE.

251. Six étamines (page 66)........ IBERIS.
Sept étamines (p. 135) MARRONNIER D'INDE.
Dix étamines ou plus (p. 80).. RÉSÉDA.

252. Cinq stigmates....................... 253
Un stigmate 254

253. Cinq étamines fertiles et cinq stériles (page 145)............... ÉRODIUM.
Dix étamines fertiles (p. 140) GÉRANIUM.

254. Huit étamines ou moins.............. 255
Dix étamines......................... 257

255. Un éperon à la base de la corolle, six étamines ou plus 256
Point d'éperon à la base de la corolle, huit étamines (page 84)... POLYGALA.

256. Capsule à une graine, ne s'ouvrant point d'elle-même (p. 35). FUMETERRE.
Capsule à plusieurs graines et à deux valves (page 34)........ CORYDALIS.

257. LÉGUMINEUSES { Pétiole des feuilles terminé en vrille simple ou rameuse........ 258
Point de vrille 263

258. Stigmate plane et élargie vers le sommet, jamais plus de six folioles..... 259
Stigmate linéaire, souvent plus de six folioles........................... 260

259. Stigmate non creusé en carène; stipules prolongées en pointe à la base, (page 199)...................... GESSE.
Stigmate creusé en carène, stipules à base large et arrondie (p. 198). POIS.

260. Vrille simple; rarement plus de six folioles 261
Vrille rameuse, souvent plus de six folioles 262

261. Ombilic des graines latéral; folioles lancéolées ou linéaires (p. 203). OROBE.
Ombilic terminal, folioles grandes et ovales (page 195)............ FÈVE.

262. Stigmate velu; dents du calice plus courtes que la corolle (p. 191). VESCE.
Stigmate glabre, dents du calice presque égales à la corolle (page 196)... ERS.

263. Feuilles simples, ternées ou digitées. 264
Feuilles ailées...................... 277

264. Toutes les étamines soudées ensemble. 265
Etamines soudées à l'exception d'une seule qui reste libre............... 271

265. Feuilles simples ou ternées.......... 266
Feuilles digitées (page 159).... LUPIN.

266. Calice à deux ou cinq lobes 267
Calice à deux folioles (page 156). ULEX.

267. Feuilles ou folioles entières; calice à deux lèvres et à 5 dents 268
Feuilles ou folioles dentées en scie, calice à 5 lobes linéaires (p. 160). ONONIS.

268. Carêne tombante et ne couvrant qu'incomplètement les organes sexuels. . . 269
Carêne droite, couvrant les organes sexuels 270

269. Calice tubuleux, à deux lèvres (page 156) . . . . GENET.
Calice à une seule lèvre (p. 155) SPARTIUM.

270. Gousse à plusieurs graines; feuilles ternées à folioles égales (p. 159) CYTISE.
Gousse à une ou plusieurs graines; feuilles simples ou à trois folioles, dont celles du milieu très-grandes (page 162). . . . . ANTHYLLIS.

271. Fleurs jaunes ou bleues 272
Fleurs blanches ou rougeâtres 275

272. Stipules grandes, foliacées et distinctes du pétiole (page 181). . . . . . . LOTIER.
Stipules assez petites et adhérentes au pétiole 273

273. Gousses trés-arquées ou contournées en spirales; les 3 folioles de la feuille insérées au même point (p. 163). LUZERNE.
Gousse peu ou point arquée 274

274. Fleurs en épis ou en grappes serrées; deux folioles insérées un peu au-dessous de la terminale (p. 167). MELILOT.
Fleurs axillaires (p. 167). TRIGONELLE.

275. Gousses cachées dans le calice; fleurs en têtes serrées (p. 170). . . . TREFLE.
Gousses saillantes hors du calice; fleurs en épis ou en grappes. 276

276\. Gousses articulées, tige non grimpante (page 188)............ ORNITHOPUS.
Gousses non articulées, herbe grimpante; carène tordue en spirale (page 204).................... HARICOT.

277\. Fleurs d'un jaune vif................ 278
Fleurs d'un jaune pâle, blanchâtres ou rougeâtres........................ 280

278\. Gousse membraneuse et renflée; style barbu en-dessous. . . . . (page 185) . . . . .BAGUENAUDIER.
Gousse non renflée; style non barbu, fleurs souvent en ombelle 279

279\. Gousse découpée sur un des bords en échancrures profondes. . . . . . (page 188). . . . . HIPPOCREPIS.
Gousse ni découpée ni échancrée sur les bords (page 187) . . . . . . CORONILLE.

280\. Fleurs solitaires ou en grappes ou en épis. 281
Fleurs en ombelle . . . . (page 187) . . . . *Coronille bigarrée.*

281\. Gousse divisée en deux loges par une cloison longitudinale . . . . (page 186). . . . . ASTRAGALE.
Gousse à une loge, ou dont les cloisons sont transversales 282

282\. Gousse à une seule loge 283
Gousse à plusieurs articles placés bout à bout (page 189). . . . . . . SAINFOIN.

283\. Herbes ou sous-arbrisseaux; calice à cinq dents 284
Arbres ou arbrisseaux; calice à quatre dents (page 184) . . . . ROBINIER.

284. Gousse à une graine, ailes très-courtes (page 190) . . . . ESPARCETTE.
Gousse à deux ou plusieurs graines, ailes au moins égales à la carêne. . . 285

285. Carêne à deux pétales distinctes (page 183). . . . . RÉGLISSE.
Carêne à deux pétales soudés en un seul (page 183) . . . . GALÉGA.

---

286. Deux stipules à la base des feuilles, au moins dans leur jeunesse 305
Point de stipules à la base des feuilles. 287

287. Une glande à la base de chaque ovaire; feuilles charnues 288
Point de glande à la base des ovaires; feuilles non charnues 289

288. Cinq ou six ovaires, et autant de pétales (page 276) . . . . SÉDUM.
Plus de six ovaires et autant de pétales (page 279). . . . . JOUBARBE.

289. RENONCULACÉES. { Plusieurs styles; fruit non charnu. 290
Un seul style, fruit charnu. . . . (page 27) . . . . . ACTÆA. }

290. Feuilles alternes ou radicales. 291
Feuilles opposées (page 3). CLÉMATITE.

291. Fleur très-irrégulière et souvent prolongée en éperon 292
Fleur régulière ou peu irrégulière, et jamais prolongée en éperon 294

292. Fleur prolongée à sa base en éperon . . 293
Fleur sans éperon, mais qui forme une espèce de casque (page 26). . ACONIT.

293. Un éperon (page 25). PIED D'ALOUETTE.
Cinq éperons (page 24) . . . . . ANCOLIE.

294. Calice à trois folioles ou remplacé par un involucre à trois folioles 295
Calice nul ou ayant au moins cinq folioles. 297

295. Calice placé très-près de la fleur. 296
Involucre placé beaucoup au-dessous de la fleur (page 5) . . . . ANÉMONE.

296. Fleur jaune, à huit ou neuf pétales, (page 20). . . . . FICAIRE.
Fleur bleue ou blanche, à six pétales, (page 8). . . . . HÉPATIQUE.

297. Une écaille ou nectaire à la base interne de chaque pétale (p. 12). RENONCULE.
Point d'écaille à la base interne des pétales. 298

298. Etamines saillantes hors de la corolle qui est caduque, et souvent à quatre pétales (page 4) . . . . PIGAMON.
Etamines non saillantes, corolle ayant au moins cinq pétales 299

299. Fleurs d'un jaune vif. 300
Fleurs d'un jaune pâle, rouges, bleues ou blanches. 301

300. Cinq pétales, fleur ouverte . . . . (page 21) . . . . CALTHA.
Dix ou quinze pétales, fleur globuleuse (page 21) . . . . TROLLIUS.

301. Vingt étamines ou plus. 302
Cinq étamines (page 11) . . RATONCULE.

302. Capsules ou ovaires renfermant plusieurs graines 303
Capsules ou ovaires à une graine (page 9). Adonis.

303. Capsules ou ovaires glabres 304
Capsules ou ovaires cotonneux à la surface (page 27). . . . . Pivoine.

304. Fleurs bleues ; 5 à 10 capsules souvent soudées en une seule (p. 23). Nielle.
Fleurs jamais bleues ; 3 à 5 capsules toujours distinctes (page 22). Hellébore.

---

305. Calice double ; pétales non insérés sur le calice ; étamines monadelphes . . . 306
Calice simple ; pétales insérés sur le calice ; étamines libres. 361

306. Malvacées . . { Calice extérieur à 3 ou 4 folioles (p. 122) Mauve.
Calice extérieur d'une seule pièce lobée ou de 6 à 12 folioles ou plusieurs lanières. . . 307 }

307. Calice extérieur à 3 ou 6 lobes peu profonds (page 126). . . . . Lavatéra.
Calice exérieur à plusieurs folioles ou plusieurs lanières profondes 308

308. Plusieurs ovaires (page 125). Guimauve.
Un seul ovaire à 5 stigmates... (page 127). . . . . Hibiscus.

---

309. Dix étamines ou moins. 310
Onze étamines ou plus 359

310. Dix étamines (page 282).... SAXIFRAGE.
Huit étamines 311
Cinq étamines......................... 312
Quatre étamines (p. 333). CORNOUILLER.
Deux étamines (page 255) ..... CIRCÉE.

311. Fleurs rouges ; graines aigrettées (page 251)......................... EPILOBE.
Fleurs jaunes ; sans aigrettes... (page 254)......................... ONAGRE.

312. Arbrisseaux à fruits charnus.......... 313
Herbes à fruits non charnus, divisibles en deux parties..................... 314

313. Un stigmate ; feuilles toujours vertes (page 332).................. LIERRE.
Deux stigmates, feuilles caduques (page 280)................... GROSEILLIER.

314. OMBELLIFÈRES. { Fleurs sessiles, disposées sur un réceptacle commun garni de paillettes (p. 289) ERYNGIUM
Fleurs non disposées sur un réceptacle garni de paillettes .... 315 }

315. Feuilles simples, entières ou lobées, ou digitées, mais dont le pétiole n'est point ramifié 316
Feuilles décomposées, plus ou moins ramifiées, et non digitées............. 319

316. Feuilles palmées ou digitées, ou à 5 lobes obtus.............................. 317
Feuilles entières ou dentelées......... 318

317. Fruit ovoïde (page 288)...... SANICLE.
Fruit comprimé, membraneux sur les bords (page 315)........... BERCE.

318. Feuilles entières, fleurs jaunes. (page 299) . . . . BUPLÈVRE.
Feuilles dentelées, fleurs blanches (page 287). . . . . HYDROCOTYLE.

319. Fleurs blanches, rougeâtres, ou verdâtres 320
Fleurs jaunes. 354

320. Point de collerette générale 321
Une collerette générale à une ou plusieurs folioles 332

321. Point de collerettes partielles 322
Collerettes partielles à une ou plusieurs folioles. 325

322. Feuilles ailées 323
Feuilles deux fois ternées. . . . . (page 294) . . . . ÆGOPODIUM.

323. Pétales égaux entre eux, fruit ovale-oblong (page 296). . . . . . BOUCAGE.
Pétales extérieurs très-grands, fruits globuleux (page 331). . . CORIANDRE.

324. Fruit comprimé, presque plane. 325
Fruit ovoïde, ou cylindrique, ou à deux bosses. 327

325. Pétales à peu près égaux. 326
Pétales du bord de l'ombelle grands et bifurqués (page 315) . . . . . BERCE.

326. Trois nervures sur chaque graine (page 308) . . . . ANGÉLIQUE SAUVAGE.
Cinq nervures sur chaque graine (page 307) . . . . SÉLIN.

327. Bord du calice ou sommet de l'ovaire entier 329
Calice à cinq dents qui persistent au sommet de l'ovaire. 328

328. Calice persistant au sommet de l'ovaire (page 300) . . . . ŒNANTHE.
Calice non persistant (page 317). SILER.

329. Fruit cylindrique et allongé. 330
Fruit ovoïde. 332

330. Fruit terminé par une pointe trois fois au moins plus longue que la graine (page 326). . . . . SCANDIX.
Fruit dépourvu de pointe remarquable. 331

331. Fruit allongé-linéaire, contracté ou comprimé sur les côtés. . . . . (page 3[illegible]) . . . . . *Chærophyllum temulum.*
Fruit comprimé, terminé en bec, à section verticale lancéolée. . . . . . (page 327) . . . . ANTHRISCUS.

332. Fruit glabre. 333
Fruit velu ou hérissé de pointes. 350

333. Fruit ovoïde ou globuleux, ou relevé d'ailes membraneuses 334
Fruit très-comprimé et plane. 348

334. Fruit lisse, strié ou sillonné. 335
Fruit bordé, ou relevé de nervures, ou d'ailes saillantes. 346

335. Calice dont le bord est entier. 336
Calice à 5 dents visibles au-dessus de l'ovaire. 344

336. Fruit dont les stries sont entières 337
Fruit dont les stries sont crénelées (page 330). . . . . CIGUE.

337. Collerette générale n'ayant qu'une ou deux folioles 338
Collerette générale composée de plus de deux folioles. 341

338. Folioles des collerettes partielles disposées seulement du côté extérieur de l'ombelle 339
Folioles des collerettes partielles éparses ou disposées en tous sens. . . . (page 302) . . . . ÆTHUSE.

339. Folioles ou lobes des folioles linéaires; fruits striés. 340
Folioles lancéolées, fruit sillonné (page 290) . . . . CICULAIRE.

340. Calice entier; fruit oblong, comprimé sur les côtés (p. 295) . . . . . CARUM.
Calice à 5 dents; fruit oblong-ovale, à sections transversales presque cylindriques { (page 303). . . . . . SESELI.
{ (page 305) . . . LIBANOTIS.

341. Racines fibreuses ou en faisceaux 342
Racines tubéreuses . . . . (page 295) . . . . *Carumnoix de terre*.

342. Fruit comprimé latéralement; beaucoup de bandelettes; folioles séparées jusqu'à la côte du milieu 343
Fruit cylindrique-oblong; vallécules à une seule bandelette; folioles non séparées de la côte, dentées en faucille (p. 293) . . . . FALCARIA.

343. Vallécules à beaucoup de bandelettes, carpophore à deux parties . . . (page 297). . . . . BERLE.
Vallécules à une seule bandelette, carpophore entier (p. 292). HELOSCIADIUM.

344. Fruits ovoïdes ou cylindriques, sessiles, couronnés par le calice 345
Fruits globuleux ou à deux bosses, pédicellés, non couronnés . . . . . (page 331). . . . . CORIANDRE.

344 (S.) Fruits cylindriques, sessiles, couronnés par le calice (p. 300). ŒNANTHE.

345. Fruit bordé de 2 ailes membraneuses . . 346
Fruit muni sur les deux surfaces d'ailes ou de côtes membraneuses 347

346. Fruit convexe ; pétales lancéolés (page 309). . . . . ARCHANGÉLIQUE.
Fruit comprimé ; pétales échancrés en cœur au sommet (page 307) . . SÉLIN.

347. Fruit à huit ailes membraneuses (page 318) . . . . LASER.
Fruit à cinq côtes dentées ou crépues (page 330) . . . . CIGUE.

348. Fruit entouré d'un bourrelet épais et colleux (page 316). . . . . TORDYLIUM.
Fruit non bordé de bourrelet. 349

349. Pétales oblongs, égaux entr'eux (page 307) . . . . SÉLIN.
Pétales extérieurs grands et bifides (page 315). . . . . BERCE.

350. Folioles de la collerette entières 351
Folioles de la collerette découpées (page 320) . . . . CAROTTE.

351. Pétales extérieurs de l'ombelle très-grands (7 à 8 millimètres) ; fruits à dos lenticulaires ; les côtes seules hérissées de 2 à 3 séries de pointes laissant voir les vallécules (page 318). . . ORLAYA.
Pétales extérieurs plus grands que les intérieurs, ne dépassant pas 3 à 4 millimètres ; fruits non à dos lenticulaires, les côtes hérissées de pointes nombreuses couvrant les vallécules 352

352. Côtes latérales primaires glabres, celles du milieu munies de pointes en une ou deux séries (page 322). CAUCALIDE.
Toutes les côtes garnies de poils ou d'aiguillons 353

353. Toutes les côtes garnies d'aiguillons (p. 323). . . . . TURGÉNIE.
Côtes primaires garnies de poils faibles et les secondaires de poils rudes remplissant les vallécules . . . . . . (page 324) . . . . TORYLIS.

354. Collerette générale nulle ou à une foliole. 356
Collerette générale à deux ou plusieurs folioles. 355

355. Carpelles à 5 côtes fines, un peu ailées, égales, les latérales marginantes (page 306) . . . . SILAUS.
Les deux côtes marginales peu sensibles, les trois intermédiaires filiformes { (page 310) . . . . PEUCÉDANE.
(page 313). . . THYSSELINUM.

356. Fruit plane (p. 314). . . . . PANAIS.
Fruit ovoïde ou globuleux, ou peu comprimé. 357

357. Fruit globuleux ou ovoïde. 358
Fruit lenticulaire, un peu comprimé (page 313). . . . . ANETH.

358. Involucre et involucelles polyphylles ; carpophore en deux pièces. . . (page 292) . . . . PERSIL.
Involucre et involucelles nuls ; carpophore entier (p. 291). . . . . . . ACHE.

359. Calice à 2 valves (page 269). POURPIER.
Calice à plus de 2 valves ou de 2 lobes. 360

360. Feuilles opposées, 12 étamines (page 263). . . . . SALICAIRE.
Feuilles alternes, ou nulles à l'époque de la floraison 361

361. ROSACÉES { Un seul ovaire. 362
Deux ou plusieurs ovaires. 376

362. Ovaire adhérent avec le calice, et ordinairement chargé de plusieurs styles. 363
Ovaire libre, caché par le calice, et à 1 style 370

363. Cinq styles, velus à la base. 364
Moins de 5 styles ou 5 styles glabres . . 366

364. Styles soudés par la base, fruit ombiliqué à la base (page 245) . . . . . POMMIER.
Styles tout à fait distincts; fruits non ombiliqués à la base 365

365. Fruits cotonneux, à 5 loges polyspermes; graines enveloppées d'une pulpe mucilagineuse (p. 244) . . . COIGNASSIER.
Fruits glabres, à cinq loges bi-spermes, graines sans mucilage (p. 244) POIRIER.

366. Feuilles ailées (page 247). . . . SORBIER.
Feuilles entières, dentées ou incisées. . 367

367. Graines osseuses. 368
Graines cartilagineuses 369

368. Grandes fleurs solitaires, calice à cinq lanières foliacées (page 243). NÉFLIER.
Petites fleurs nombreuses, en bouquets, calice à pointes courtes . . . . . (page 242). . . . . AUBÉPINE.

369. Pétales orbiculaires, ovaire à une ou deux loges (page 250). . . . . ALISIER.
Pétales lancéolés, ovaire à cinq loges, (page 246) . . . . AMÉLANCHIER.

370. Fleurs se développant avant ou avec les feuilles. 371
Fleurs se développant après les feuilles. 375

371. Fleurs pédonculées 372
Fleurs presque sessiles, ou dont le pédicelle est plus court que le tube du calice. 373

372. Pédicelles plus longs que le diamètre de la fleur (page 209) . . . . . . CERISIER.
Pédicelles plus courts que le diamètre de la fleur (page 208) . . . . PRUNIER.

373. Feuilles roulées dans le bouton, avant leur épanouissement . . . . (page 207) . . . . ABRICOTIER.
Feuilles pliées sur leur nervure avant leur développement. 374

374. Fleurs blanches (page 206). AMANDIER.
Fleurs roses (page 207) . . . . . PÊCHER.

375. Feuilles simples, dentelées . . . . (page 209) . . . . CERISIER.
Feuilles ailées (page 231) . . . . ROSIER.

376. Deux ovaires (page 230) . . AIGREMOINE.
Au moins cinq ovaires 377

377. Calice à cinq découpures. 378
Calice à huit ou dix découpures 380

378. Calice ouvert 379
Calice étranglé au sommet et renfermant les ovaires (page 231) . . . . . ROSIER.

379. Fruit charnu; tige garnie d'aiguillons (page 216). . . . . RONCE.
Fruit non charnu; point d'aiguillons, (page 213). . . . . SPIRÉA.

380. Calice à dix découpures, cinq pétales. . 381
Calice à huit découpures, quatre ou huit pétales (page 229). . . . TORMENTILLE.

381. Graines ou ovaires surmontés d'une longue barbe (page 214). . . BÉNOITE.
Graines ou ovaires non surmontés d'une barbe. 382

382. Graines ou ovaires portés sur un réceptacle grand et arrondi ; fleurs jamais jaunes 383

382 (S.) Graines ou ovaires portés sur un réceptacle petit, souvent pointu ; fleurs souvent jaunes (p. 225). POTENTILLE.

383. Fruit charnu ; fleurs blanches (page 222) . . . . FRAISIER.
Fruit non succulant ; fleurs rouges, (page 225) . . . . COMARUM.

INCOMPLÈTES.

384. Fleurs entièrement nues, ou munies seulement d'une enveloppe commune à un grand nombre de fleurs 385
Fleurs munies chacune d'une enveloppe propre, ou périgone 388

385. Plante flottante ou végétant dans l'eau. 650
Plante croissant sur la terre. 386

386. Suc propre laiteux. 387
Suc propre non laiteux. . . . . 386 *bis*.

386 *bis*. Fleurs mâles placées au-dessus des fleurs femelles dans le milieu du spadice (page 680) . . . . ARUM.
Etamines et ovaires entremêlés dans toute la longueur du spadice (page 681). . . . . CALLA.

387. Arbre à feuilles lobées et fruit charnu (page 630) . . . . FIGUIER.
Herbes ou sous-arbrisseaux à feuilles entières ou dentées et à fruit sec (page 617) . . . . EUPHORBE.

388. Plus de six étamines 389
Six étamines ou moins 401

389. Un seul ovaire 390
Plusieurs ovaires. 400

390. Ovaire libre, placé dans le périgone. . . 391
Ovaire adhérent, placé sous le limbe du périgone. 397

391. Feuilles alternes 392
Feuilles opposées ou verticillées 396

392. Ovaire pédicellé ; suc propre laiteux (page 617) . . . . EUPHORBE.
Ovaire sessile ; suc propre non laiteux. 393

393. Un seul style et un seul stigmate. 394
Plusieurs styles et plusieurs stigmates. 395

394. Fruit charnu ; style naissant du sommet de l'ovaire , plante ligneuse. . . (page 611). DAPHNE.
Fruit non charnu ; style naissant sur le côté de l'ovaire ; plante herbacée (page 611). . . . . STELLERA.

395. Arbre élevé (page 631) . . . . . . ORME.
Plante herbacée (page 603) . . RENOUÉE.

396. Arbres à feuilles opposées . . . . . (page 133) . . . . ERABLE.
Herbe à feuilles verticillées. . . . (page 712) . . . . PARISETTE.

397. Dix étamines ou moins 398
Douze étamines ou plus. . . . . . . (page 616). . . . . ASARUM.

398. Deux styles 399
Quatre ou cinq styles (page 336). ADOXA.

399. Feuilles entières, linéaires; périgone tubuleux (page 274) . . . . GNAVELLE.
Feuilles dentelées, arrondies, périgone ouvert (page 284). CHRYSOSPLÉNIUM.

400. Neuf étamines (page 665). . . . BUTOME.
Plus de neuf étamines 289

401. Périgone coloré et ayant l'apparence d'une corolle 402
Périgone foliacé, membraneux ou écailleux, et ayant l'apparence d'un calice. 443

402. Trois étamines ou plus 403
Une ou deux étamines. 436

403. Trois étamines 404
Quatre étamines 407
Cinq étamines. 408
Six étamines 412

404. Feuilles radicales ou alternes. 405
Feuilles opposées. 140

405. Stigmates très-grands et ayant l'apparence de pétales (page 703) . . . IRIS.
Stigmates non pétaliformes 406

406. Fleur régulière (page 705) . . . SAFRAN.
Fleur irrégulière, presque labiée (page 704). . . . . GLAYEUL.

407. Tige munie de deux feuilles seulement (page 711) . . . . MAIANTHÈME.
Tiges ou rameaux feuillés dans toute leur longueur (page 613) . . THÉSIUM.

408. Feuilles opposées 409
Feuilles alternes ou radicales 410

409. Des stipules entre les feuilles; fleurs très-petites (page 273). ILLECEBRUM.
Point de stipules, fleurs assez grandes (page 583) . . . . NYCTAGE.

410. Ovaire libre placé dans le périgone . . . 411
Ovaire adhérent à la base du périgone (page 613). . . . . THESIUM.

411. Cinq styles (page 580). . . . . . STATICÉ.
Deux à trois styles (p. 603). RENOUÉE.

412. Un seul ovaire, un seul style ou point de style 413
Plusieurs ovaires ou plusieurs styles, ou un seul ovaire avec plusieurs styles, ou plusieurs stigmates 433

413. Ovaire libre, placé dans le périgone . . 414
Ovaire adhérent ou placé sous le limbe du périgone 431

414. Tige garnie de feuilles 415
Hampe nue, feuilles radicales 420

415. Fleurs disposées en ombelle et sortant d'une spathe (page 723) . . . . . . AIL.
Fleurs non disposées en ombelle et ne sortant pas d'une spathe. 416

416. Feuilles opposées (page 264). PÉPLIDE.
Feuilles éparses ou verticillées 417
Feuilles très-fines et naissant par touffes (page 708). . . . . ASPERGES.

417. Fleurs divisées jusqu'à la base. 418
Fleurs à six dents ou divisions peu profondes (page 709). . . . . MUGUET.

418. Une glande nectarifère ovale ou arrondie à la base des lanières de la fleur (page 714). . . . . FRITILLAIRE.
Un sillon longitudinal sur la base interne des divisions de la fleur. 419

419. Périgone en cloche non persistant (page 715) . . . . LIS.
Périgone étalé, persistant (p. 719). GAGÉA.

420. Périgone divisé presque jusqu'à la base. 421
Périgone divisé en lobes qui ne passent pas le milieu. 428

421. Trois stigmates sessiles au sommet de l'ovaire 422
Un seul style distinct 423

422. Fleur solitaire et assez grande. . . (page 714) . . . . TULIPE.
Fleurs petites, disposées en épis ou en grappes (page 667) . . . . . TROSCART.

423. Fleurs en grappes, en épis ou en panicule 424
Fleurs en ombelle sortant d'une spathe (page 723). . . . . AIL.

424. Filaments des étamines élargis à leur base (page 718) . . . . . ORNITHOGALE.
Filaments des étamines non élargis à leur base 425

425. Fleurs jaunes (page 719) . . . . . GAGÉA.
Fleurs bleues ou blanches. 426

426. Racine bulbeuse 427
Racines fibreuses, fleurs jamais bleues (page 716) . . . . PHALANGÈRE.

427. Périgone ouvert, à six divisions caduques, fleurs bleues (p. 722). SCILLE.
Périgone campanulé, à six divisions profondes soudées entr'elles . . . . (page 728) . . . . ENDYMION.

428. Fleurs globuleuses, en grelot ou cylindriques et à six dents 429
Fleurs en tubes ou en entonnoir, et à six lobes 430

429. Fleurs blanches, fruit charnu . . . (page 707). . . . . Muguet.
Fleurs bleues ou violettes, fruit non charnu (page 717) . . . . Muscari.

430. Etamines déjetées de côté ; périgone resserré à la base et en cloche au sommet (page 727) . . . . . Hémerocalle.
Etamines droites ; périgone en tube ou en entonnoir (page 717). . . Jacinthe.

431. Entrée du tube couronnée par un godet cylindrique, ou en cloche. . . . (page 706) . . . . Narcisse.
Entrée du tube nue 432

432. Les six lanières du périgone égales entr'elles (page 707). Perce-neige.
Trois lanières internes de moitié plus petites que les trois autres. . . (page 708) . . . . Galanthine.

433. Un seul ovaire chargé de plusieurs styles ou de plusieurs stigmates. 434
Plusieurs ovaires entièrement distincts. 436

434. Fleurs radicales, naissant avant les feuilles (page 729) . . . . . Colchique.
Fleurs en épis ou grappes naissant après les feuilles. 435

435. Feuilles la plupart radicales, trois ovaires . . . . 435 *bis*.
Feuilles toutes disposées le long de la tige ; deux stigmates (p. 603). Renouée.

435 *bis*. Moins de six ovaires . . . . 435 *ter*.
Six ovaires ou davantage (p. 664) Alisma.

435 *ter*. Trois lanières internes du périgone plus colorées que les autres . . (page 667) . . . . Troscart.
Toutes les lanières du périgone également colorées (p. 666). Scheuchzeria.

436. Etamines placées sur le périgone. . . . 140
Etamines placées sur le pistil. 437

437. ORCHIDÉES.. { Division inférieure de la fleur prolongée à la base en éperon. 438
Division inférieure de la fleur sans éperon . . . 439 }

438. Des feuilles vers la racine ou sur la la tige (page 683). . . . . ORCHIS.
Feuilles nulles ou remplacées par des écailles (page 695) . . . . . LIMODORE.

439. Des feuilles vers la racine ou sur la tige. 440
Feuilles nulles et remplacées par des écailles (p. 697) EPIPACTIS NID D'OISEAU.

440. Division irrégulière de la fleur placée du côté inférieur 441
Fleur renversée; division irrégulière placée du côté supérieur . . . (page 702) . . . . MALAXIS.

441. Style obtus 442
Style surmonté d'un appendice aigu (page 701) . . . . SPIRANTHÈS.

442. Stigmate placé à la partie supérieure du style (page 691) . . . . OPHRYS.
Stigmate oblique, terminal . . . . . . (page 696) . . . . EPIPACTIS.

---

443. Plantes herbacées 444
Arbres ou arbustes 508

444. Une étamine. 445
Deux ou trois étamines. 447
Quatre étamines. 491
Cinq étamines 495
Six étamines 501

445. Feuilles nulles et alternes......... 445 *bis*.
Feuilles opposées ou verticillées....... 446

445 *bis*. Feuilles nulles, rameaux charnus (page 586) .... SALICORNE.
Feuilles alternes (page 593) ... BLETTE.

446. Feuilles opposées (page 260). CALLITRIC.
Feuilles verticillées (page 259).. PESSE.

447. Fleurs entourées de glumes; feuilles gaînantes 448
Fleurs non glumacées; feuilles non engaînantes (page 587)..... POLYCNÈME.

448. Tige noueuse, gaine des feuilles fendue en long........................... 449
Tige sans nœuds réguliers; gaine des feuilles non fendues en long........ 487

449. GRAMINÉES.
- Epillets composés de fleurs toutes hermaphrodites ou entremêlées de fleurs mâles et femelles 450
- Epillets, les uns entièrement mâles, les autres entièrement femelles ou hermaphrodites ou polygames................ 485

450. Epillets pédonculés, et formant une grappe ou une panicule 451
Epillets sessiles, et disposés en épis simples ou rarement rameux........ 476

451. Epillets composés d'une seule fleur.... 452
Epillets composés de deux ou plusieurs fleurs.... 463

452. Deux étamines...................... 453
Trois étamines 454

453. Bâle intérieure munie d'une petite arête sur le dos (page 779) . . . . . FLOUVE.
Bâle sans arête dorsale (p. 782). CRYPSIS.

454. Une glume et une bâle 455
Point de glume, bâle à deux valves (page 784). . . . . LÉERSIA.

455. Glume à deux valves. 456
Une troisième valve en dehors de la glume (page 774) . . . . PANIS.

456. Surface externe des glumes ou des bâles garnies de longs poils. . . . . . . (page 788). . . . . CALAMAGROSTIS.
Surface externe des glumes et des bâles à peu près glabres. 457

457. Une ou plusieurs arêtes sur la glume ou sur la bâle 458
Point d'arête ni sur la glume ni sur la bâle 459

458. Arête naissant de la base de la valve externe des bâles (page 780) . . VULPIN.
Arête naissant du dos de la valve 461

459. Fleurs presque sessiles, disposées en épis grêles et digités (p. 774). PANIS.
Fleurs pédicellées, en grappes ou en panicules plus ou moins serrés. 460

460. Valves de la glume tronquées au sommet, (page 783) . . . . PHLÉOLE.
Valves de la glume non tronquées au sommet 461

461. Valves de la glume en carène enveloppant la bâle, et munie d'une crête saillante sur leur nervure longitudinale (page 778) . . . . PHALARIS.
Valves de la glume presque ouvertes. . 462

462. Glume ventrue ; semences restant enveloppées par la bâle (page 790). MILLET.
Glume non ventrue, semences libres (page 785) . . . . AGROSTIS.

463. Axe de chaque épillet glabre ou un peu pubescent. 464
Axe de l'épillet garni de poils qui recouvrent les bâles (page 790). . . ROSEAU.

464. Bâles munies d'arêtes. 465
Epillets entièrement dépourvus d'arêtes. 472

465. Arête naissant sur le dos ou à la base de la valve de la bâle 466
Arête naissant au sommet de la valve ou près du sommet 467

466. Arête naissant à la base de la valve (page 793) . . . . CANCHE.
Arête naissant sur le dos de la valve et genouillée (page 797) . . . . . AVOINE.

467. Arête naissant dans une échancrure du sommet de la valve (p.801).DANTHONIA.
Arête ne naissant pas dans une échancrure. 468

468. Arête naissant un peu au-dessous du sommet 469
Arête réellement terminale. 470

469. Valve interne à bord plissé en dehors et garni de deux rangs de cils . . . (page 824). . . . . BROME.
Valve interne de la bâle étroite, sans rebords et pointue (p. 792). . KŒLÉRIA.

470. Valves des glumes fortement creusées en carène, arête très-courte. . . . (page 813) . . . . DACTYLE.
Valves concaves ou peu carénées, arête de longueur variable. 471

471. Valve interne des fleurs bordées supérieurement par des soies raides, ou ciliées pectinées . . . . (page 822) . . . . BRACHYPODIUM.
Point de cils ou soies raides sur la valve interne des bâles. . . . . (page 814) . . . . FÉTUQUE.

472. Epillets n'ayant qu'une ou deux fleurs fertiles ; valves de la glume très-scarieuses 473
Epillets ayant de trois à vingt fleurs fertiles, valves de la glume peu scarieuses. 474

473. Bâle à valves ventrues, plus courtes que la glume (page 802). . . MÉLIQUE.
Valves de la bâle aigües, plus longues que la glume (page 812). . . MOLINIA.

474. Valves de la bâle très-ventrues, évasées en forme de cœur (page 804) . BRIZE.
Valves de la bâle peu ventrues et non en forme de cœur 475

475. Fleurs comprimées et carénées au dos (page 805). . . . . PATURIN.
Fleurs obtuses, demi-cylindriques, non carénées, presque ventrues intérieurement (page 809). . . . . . GLYCÉRIA.

476. Epillets simplement sessiles ; axe non creusé 477
Epillets un peu enfoncés à leur base dans les cavités de l'axe 481

477. Epillets uniflores. 478
Epillets à deux ou plusieurs fleurs . . . 479

478. Deux stigmates (page 783). . . PHLÉOLE.
Un seul stigmate (page 840). . . . NARD.

479. Une bractée foliacée à la base de chaque épillet (page 814) . . . . . . CYNOSURE.
Point de bractées à la base des épillets. 480

480. Valve externe des bâles entière au sommet, et chargée d'une arête dorsale, (page 797) . . . . AVOINE.
Valve externe des bâles divisée en pointes ou en arêtes à son sommet. . . . (page 791) . . . . SESLÉRIA.

481. Epillets solitaires sur chaque dent de l'axe 482
Deux ou trois épillets sur chaque dent de l'axe. 484

482. Une ou deux fleurs fertiles dans chaque épillet (page 834). . . . . SEIGLE.
Plus de deux fleurs fertiles dans chaque épillet. 483

483. Valves de la glume égales entr'elles, et opposées à l'axe, l'une à droite, l'autre à gauche (p. 830). FROMENT.
Valves de la glume inégales et parallèles à l'axe, l'une et l'autre au devant de l'axe (p. 838) . . . . YVRAIE.

484. Epillets uniflores (page 835). . . . . ORGE.
Epillets à deux ou quatre fleurs (page 834) . . . . ELYME.

485. Epillets, les uns mâles, les autres femelles ou hermaphrodites, mélangés ensemble dans les mêmes épis. 486
Epillets mâles disposés en panicule terminale, épillets femelles en épis axillaires (page 773). . . . . MAÏS.

486. Fleurs en épis; épillets trois ensemble sur chaque dent de l'axe (p. 835). ORGE.
Fleurs en panicule, fleurs polygames (p. 796). HOUQUE.

487. CYPÉRACÉES.
- Fleurs hermaphrodites; graines nues.......... 488
- Fleurs dioïques ou monoïques, graines renfermées dans un godet, ou capsule percée au sommet (page 750). CAREX.

488. Glumes des épillets disposées sur deux rangs opposés et réguliers..... (page 741) .... SOUCHET.
Glumes des épillets imbriquées en tous sens.............................. 489

489. Graines tout à fait nues, ou entourées de soies plus courtes que les glumes. 490
Graines entourées de soies très-longues (page 748)............. LINAIGRETTE.

490. Glumes toutes fertiles (page 743). SCIRPE.
Glumes inférieures de chaque épi stériles (page 742).............. CHOIN.

491. Un ou deux ovaires et un ou deux stigmates.......................... 491 *bis*.
Quatre ovaires et quatre stigmates (page 668) .... POTAMOGÉTON.

491 *bis*. Un seul ovaire 492
Deux ovaires (page 240). SANGUISORBE.

492. Ovaire libre dans le périgone.......... 493
Ovaire adhérent au périgone.... (page 613) .... THÉSIUM.

493. Feuilles divisées en plusieurs lobes (page 239) .... ALCHÉMILLE.
Feuilles entières 494

494. Fleurs axillaires; fruit à une graine (page 627).............. PARIÉTAIRE.
Fleurs en épis terminaux, capsule à deux ou plusieurs graines..... (page 581)..................... PLANTAIN.

495. Feuilles alternes...................... 496
Feuilles opposées...................... 499

496. Périgone non tubuleux................ 497
Périgone tubuleux (page 613). THÉSIUM.

497. Toutes les fleurs hermaphrodites...... 498
Fleurs hermaphrodites, mélangées de fleurs femelles (page 595). ARROCHE.

498. Un style à deux ou trois stigmates (page 588)....... .... ANSÉRINE.
Deux styles (page 594)......... BETTE.

499. Des stipules à la base des feuilles...... 500
Point de stipules.................. 497

500. Capsules à cinq valves ; stipules et bractées grandes et membraneuses (page 273).................... ILLÉCEBRUM.
Capsules ne s'ouvrant pas ; stipules et bractées peu apparentes....... (page 272).................... HERNIAIRE.

501. Etamines sessiles sur le pistil (page 615).................. ARISTOLOCHE.
Etamines non placées sur le pistil 502

502. Périgone à quatre folioles............. 159
Périgone à trois, six ou douze parties. 503

503. Feuilles alternes...................... 504
Feuilles opposées (page 264). PÉPLIDE.

504. Feuilles linéaires, lancéolées ou ovales, toujours entières.................. 505
Feuilles de formes diverses et dentées, incisées ou anguleuses........ (page 597)...................... RUMEX.

505. Un seul ovaire et un seul style........ 506
Plusieurs ovaires ou plusieurs styles (page 667).... .... TROSCART.

506. Fleurs disposées en épis sessiles et placés sur le côté de la tige (p. 682). ACORUS.
Fleurs en tête, en grappes, ou en panicule, ou solitaires.................. 507

507. Feuilles cylindriques ; capsule à trois loges (page 730)............... JONC.
Feuilles planes, capsule à une loge (page 737).................. LUZULE.

508. Ovaire globuleux ; fruit charnu et arrondi (page 152).......... NERPRUN.
Ovaire comprimé ; fruit membraneux et aplati (page 631)............. ORME.

UNISEXUELLES.

508 *bis*. Fleurs monoïques ; les mâles et les femelles sont sur le même individu.. 509
Fleurs dioïques ; les mâles et les femelles sont sur deux individus............. 528

509. MONOÏQUES. { Arbres................. 510
{ Herbes................. 536

510. Feuilles entières, dentées ou lobées.... 511
Feuilles ailées ou digitées............. 535

511. Feuilles alternes ou en faisceaux...... 512
Feuilles ou boutons opposés 532

512. Feuilles entières ou dentelées, ou pinnatifides.......................... 513
Feuilles lobées, à nervures palmées... 531

513. Filaments des étamines nuls ou soudés ensemble ; feuilles jamais dentées, ordinairement linéaires et persistantes. 514
Filaments des étamines distincts ; feuilles souvent dentées et ordinairement caduques.......................... 520

514. CONIFÈRES. { Feuilles naissant par faisceaux 515
Feuilles solitaires 516

515. Deux à cinq feuilles à chaque faisceau (page 658) .... PIN.
De 15 à 20 feuilles à chaque faisceau (page 661) .... MÉLÈSE.

516. Feuilles alternes 517
Feuilles verticillées (p. 656). GENÉVRIER.

517. Fruit charnu ou baie; anthères en bouclier, à huit lobes (page 655) .... IF.
Fruit nullement charnu; anthères n'ayant point la forme d'un bouclier 518

518. Feuilles persistantes; écailles des cônes obtuses 519
Feuilles caduques; écailles des cônes prolongées en pointe à l'époque de la floraison (page 661) .... MÉLÈZE.

519. Feuilles solitaires, rameaux étalés (page 660) .... SAPIN.
Feuilles imbriquées, serrées sur quatre rangs; rameaux peu divergeants (page 657) .... THUYA.

520. AMENTACÉES { Fleurs monoïques 521
Fleurs dioïques 528

521. Cinq étamines ou plus 522
Quatre étamines ou moins 526

522. Chatons mâles globuleux 523
Chatons mâles allongés et cylindriques. 524

523. Huit étamines, ou trois stigmates (page 634) .... HÊTRE.
Plus de huit étamines ou un stigmate (page 638) .... PLATANE.

524. Fleurs, les unes mâles, les autres femelles 525
Fleurs, les unes mâles, les autres hermaphrodites (page 634). CHATAIGNIER.

525. Anthères terminées par un poil (page 637)........................ CHARME.
Anthères non barbues................. 526

526. Cinq ou huit étamines................. 527
Plus de dix étamines (p. 652). BOULEAU.

527. Fruit non enveloppé d'une coque osseuse ; cinq à dix étamines (page 635)........................ CHÊNE.
Fruit enveloppé d'une coque osseuse ; huit étamines insérées sur une écaille à trois lobes (page 635)... COUDRIER.

528. Graines chargées de houppes de poils. 529
Graines non poilues.................. 530

529. De une à cinq étamines (p. 639). SAULE.
De huit à vingt étamines........ (page 647)..................... PEUPLIER.

530. Chatons mâles cylindriques ; fruit non charnu (page 653)........... AULNE.
Chatons ovoïdes ; fruit charnu (page 630)....................... MURIER.

531. Suc propre laiteux ; fleurs enfermées dans une enveloppe charnue (page 630)........................ FIGUIER.
Suc propre non laiteux ; fleurs disposées en épi ou en chatons courts (page 630)..................... MURIER.

532. Arbre ou arbrisseau élevé et non parasite 533
Sous-arbrisseau parasite sur d'autres arbres (page 335).............. GUI.

533. Feuilles entières..................... 534
Feuilles à trois ou cinq lobes (page 133)........................ ERABLE.

534. Feuilles très-petites, imbriquées, serrées contre le rameau (p. 657). THUYA.
Feuilles grandes, étalées (p. 617). BUIS.

535. Feuilles ou boutons opposés..... (page 464)........................ FRÊNE.
Feuilles alternes (page 633).... NOYER.

536. Fleurs entièrement nues, ou munies seulement d'une enveloppe commune à plusieurs fleurs................ 385
Fleurs munies au moins d'une enveloppe propre 537

537. Une à 6 étamines 538
Plus de 6 étamines........................ 553

538. Une vrille à l'aisselle des feuilles...... 539
Point de vrille à l'aisselle des feuilles.. 542

539. Fruit à une loge ; fleurs dioïques (page 268)........................ BRYONE.
Fruit à plusieurs loges ; fleurs monoïques 540

540. Graines à bords aigus et nichés dans une pulpe (page 267)... CONCOMBRE.
Graines à bords calleux non nichées dans une pulpe........................ 541

541. Fleurs blanches, graines presque carrées (page 267)................ GOURDE.
Fleurs jaunes ; graines ovales (page 265)........................ COURGE.

542. Une ou deux étamines................ 543
Trois étamines........................ 545
Quatre étamines 548
Cinq étamines 551

543. Un seul ovaire........................ 544
Deux à six ovaires dans chaque fleur (page 674) .... ZANICHELLIA.

544. Deux styles ; feuilles opposées (page 260)................... CALLITRICHE.
Style nul ou solitaire, feuilles alternes ou verticillées 650

545. Feuilles linéaires, à nervures simples et parallèles 546
Feuilles ovales, à nervures rameuses (page 584).............. AMARANTE.

546. Un style à deux ou trois stigmates ; gaîne des feuilles entières........... 546 *bis*.
Point de style ; deux stigmates ; gaîne des feuilles fendues en long 449

546 *bis*. Une écaille à la base de chaque fleur (pour bractée)...................... 487
Point d'écailles à la base des fleurs.... 547

547. Chatons cylindriques (p. 678). MASSETTE.
Chatons globuleux (p. 679) RUBAN-D'EAU.

548. Ovaire libre dans la fleur............ 549
Ovaire adhérent ou sous la fleur 550

549. Toutes les fleurs mâles ou femelles ; poils à piqûre brûlante (page 626). ORTIE.
Fleurs hermaphrodites, mélangées avec des fleurs femelles ; piqûre des poils non brûlante (page 627). PARIÉTAIRE.

550. Feuilles verticillées............ (page 344) .... *Gaillet croisette*.
Feuilles opposées (page 335)...... GUI.

551. Fleurs rapprochées, mais non entourées d'involucre......................... 552
Fleurs réunies dans un involucre commun (page 640)........ LAMPOURDE.

552. Fleurs, les unes mâles, les autres femelles (page 594)........ EPINARD.
Fleurs, les unes femelles, les autres hermaphrodites (page 595). ARROCHE.

553. Feuilles opposées ou verticillées........ 554
Feuilles radicales ou alternes......... 556

554. Feuilles opposées, presque entières, (page 625)............. MERCURIALE.
Feuilles verticillées ou très-découpées. 555

555. Huit étamines (p. 258). VOLANT-D'EAU.
Environ vingt étamines......... (page 262)..................... CORNIFLE.

556. Un seul ovaire, suc propre laiteux (page 617).................... EUPHORBE.
Plusieurs ovaires, suc propre non laiteux (page 664)............... SAGITTAIRE.

557. DIOÏQUES. { Arbres ou arbrisseaux..... 558
Herbes.................... 564

558. Feuilles ou boutons opposés ou verticillés 559
Feuilles ou boutons alternes.......... 560

559. Plante parasite sur les autres arbres, (page 335)..................... GUI.
Arbre ou arbrisseau élevé (p. 464) FRÊNE.

560. Fleurs munies d'un calice et d'une corolle (page 152).......... NERPRUN.
Fleurs formées d'une seule enveloppe. 561

561. Calice ou périgone à six divisions...... 562
Calice ou périgone nul, ou à moins de six divisions...................... 563

562. Feuilles linéaires, naissant en faisceau (page 708)............... ASPERGE.
Feuilles non linéaires et ne naissant pas en faisceau (page 612)..... LAURIER.

563. Périgone tubuleux à trois, quatre ou cinq lobes......................... 564
Périgone nul ou non tubuleux, ou en forme d'écailles, ou à deux parties.. 513

564. Plante terrestre ou parasite 565
Plante flottant dans l'eau, ou vivant au fond de l'eau (page 663). HYDROCHARIS.

565. Feuilles alternes 566
Feuilles opposées 575

566. Feuilles ailées, digitées ou décomposées. 567
Feuilles simples, entières ou incisées.. 568

567. Feuilles digitées; périgones à cinq lobes (page 628)................ CHANVRE.
Feuilles ailées avec impaire; périgone à quatre lobes (page 240). PIMPRENELLE.

568. Feuilles engaînantes à leur base....... 569
Feuilles non engaînantes............... 570

569. Fleurs glumacées, deux à trois étamines, (page 750).................. CAREX.
Fleurs non glumacées, six étamines (page 597) .... RUMEX.

570. Périgone à six lobes.................. 571
Périgone à moins de six lobes......... 572

571. Feuilles linéaires naissant en faisceau (page 708)................. ASPERGE.
Feuilles solitaires, non linéaires (page (713) .... TAMUS.

572. Périgone à cinq lobes 573
Périgone à deux ou quatre lobes 574

573. Une vrille à l'aisselle des feuilles, trois étamines (page 268)........ BRYONE.
Point de vrilles; cinq étamines (page 594) .... EPINARD.

574. Cinq étamines; quatre styles .... (page 594) .... EPINARD.
Quatre étamines; un stigmate (page 626) .... ORTIE.

575. Tige longue, tortillée et grimpante (page 629)........................ HOUBLON.
Tige non grimpante 576

576. Plante parasite (page 335)......... GUI.
Plante non parasite..................... 577

577. Feuilles digitées (page 628). CHANVRE.
Feuilles simples, non digitées.......... 578

578. Une corolle et un calice 579
Une seule enveloppe à la fleur......... 580

579. Corolle monopétale...................... 140
Corolle polypétale (page 97). LYCHNIS.

580. Trois étamines......................... 140
Neuf à douze étamines; deux styles (page 625).............. MERCURIALE.

FLEURS CONJOINTES.

581. Corolles ou fleurons de même sorte, toutes en languettes, ou toutes en cornets.............................. 582
Corolle ou fleurons de deux sortes: celles du centre en cornets et celles de la circonférence en languettes formant une couronne 633

582. Fleurs semiflosculeuses; corolle formant un très-petit tube à leur base, et se prolongeant d'un côté en une languette ou lanière allongée............ 583
Fleurs flosculeuses; corolle en cornet ou en tube à quatre ou cinq dents à peu près régulières, ou cinq lobes....... 606

583. CHICORACÉES ou SEMIFLOSCULEUSES
- Graines ou ovaires chargés d'aigrettes. 584
- Graines nues ou toutes dépourvues d'aigrettes............ 604

584. Aigrettes composées de poils 585
Aigrette composée d'écailles ou de membranes (page 411) .... CHICORÉE.

585. Poils de l'aigrette simples et non rameux, au moins à l'œil nu 586
Poils de l'aigrette plumeux 598

586. Graines terminées par un appendice mince qui fait paraître l'aigrette pédicellée 587
Graines non terminées en col mince; aigrette sessile..................... 592

587. Réceptacle nu, ou un peu ponctué.... 588
Réceptacle garni de paillettes entremêlées avec les fleurs .... (page 419) .... HYPOCHŒRIS.

588. Involucre à sept ou huit folioles entourées à leur base d'une seconde rangée avortée 589
Involucre à folioles nombreuses et imbriquées 590

589. Tige garnie de feuilles (p. 422) CHONDRILLE.
Tige nue; feuilles radicales...... (page 420) .... TARAXACUM.

590. Folioles de l'involucre membraneuses sur les bords, fleurs blanches ou jaunes (page 423)........... LAITUE.
Folioles de l'involucre non membraneuses sur les bords; fleurs toujours jaunes. 591

591. Folioles de l'involucre déjetées en dehors à la maturité; hampe nue et à une fleur (page 420) .... TARAXACUM.
Folioles de l'involucre serrées et entourant les graines à la maturité; tiges souvent feuillées ou à plusieurs fleurs (page 428).............. BARKAUSIA.

592. Aigrettes à la circonférence différentes de celles du centre, celles-ci pédicellées, et les premières sessiles (page 420)........... HYPOCHÆRIS GLABRE
Aigrettes toutes semblables........... 593

593. Réceptacle nu........................ 594
Réceptacle chargé de poils ou d'écailles 597

594. Involucre imbriqué et composé d'un grand nombre de folioles........... 595
Involucre à folioles non imbriquées et peu nombreuses (p. 423). PRÉNANTHÈS.

595. Folioles extérieures de l'involucre lâches (page 429)................. CRÉPIS.
Folioles toutes imbriquées............ 596

596. Aigrette toujours blanche et molle; graines comprimées (p. 426). LAITRON.
Aigrette raide, souvent roussâtre; semences cylindriques (p. 433) ÉPERVIÈRE

597. Réceptacle chargé de poils...... (page 433)..................... ÉPERVIÈRE.
Réceptacle chargé de paillettes ou d'écailles (page 419)...... HYPOCHÆRIS.

598. Graines amincies au sommet en un col étroit qui fait paraître l'aigrette pédicellée........................... 599
Graines non amincies en col; aigrette sessile.......................... 602

599. Involucre à 8 ou 10 folioles égales, soudées ensemble (page 416). SALSIFIS.
Involucre à plusieurs folioles disposées sur deux ou plusieurs rangs........ 600

600. Graines striées en travers ou tuberculeuses (page 415)....... HELMINTHIA.
Graines lisses ou striées en long....... 601

601. Graines portées sur un pédicelle creux (page 418) .... PODOSPERME.
Graines sessiles (page 417). SCORSONÈRE.

602. Aigrettes des graines extérieures courtes et en couronne dentée........ (page 412)........................ THRINCIE.
Toutes les aigrettes plumeuses......... 603

603. Graines lisses et striées en long (page 413).................... LÉONTODON.
Graines tuberculeuses ou striées en travers (page 414)............ PICRIDE.

604. Réceptacle nu......................... 605
Réceptacle garni d'écailles ...... (page 411) .... CHICORÉE.

605. Involucre cylindrique, à folioles canaliculées (page 410)........ LAMPSANE.
Involucre presque globuleux, pédoncules renflés (page 411). ARNOSÉRIS.

FLOSCULEUSES.

606. Graines couronnées d'une aigrette de poils............................... 607
Graines nues, ou terminées par une ou deux dents......................... 626

607. Poils de l'aigrette simples, ou légèrement dentés 608
Poils de l'aigrette rameux ou plumeux. 624

608. Réceptacle garni d'écailles ou de paillettes, feuilles souvent épineuses.... 609
Réceptacle nu ; feuilles et involucre jamais épineux....................... 615

609. Paillettes du réceptacle longues et très-apparentes 610
Paillettes tronquées et formant de petites alvéoles (page 400) ..... ONOPORDON.

610. Fleurons tous égaux et hermaphrodites. 613
Fleurons extérieurs grands, femelles ou stériles............................ 611

611. Fleurs jaunes ; aigrettes paléacées..... 612
Fleurs blanches, bleues ou purpurines ; aigrettes capillaires ou nulles (page 405)........................ CENTAURÉE.

612. Tige ailée ; feuilles décurrentes ; involucre glabre .... (page 409).......... *Centaurée du solstice.*
Tige non ailée ; feuilles non décurrentes ; involucre laineux..... (page 404)................ KENTROPHYLLUM.

613. Folioles de l'involucre épineuses (page 399)...................... CHARDON.
Folioles de l'involucre non épineuses.. 614

614. Folioles de l'involucre aiguës et crochues au sommet (p. 401). BARDANE.
Folioles droites et non crochues (page 403)...................... SARRETTE.

615. Fleurs jaunes ou jaunâtres........... 616
Fleurs rougeâtres ou blanchâtres...... 620

616. Folioles de l'involucre foliacées....... 617
Folioles de l'involucre scarieuses et coloriées............................ 618

617. Fleurons tous égaux et à 5 dents (page 390)...................... SÉNEÇON.
Fleurons extérieurs grêles et à 3 dents (page 373)................ CONYZE.

618. Involucre imbriqué, à 5 angles (page 575)................... FILAGO.
Involucre imbriqué, hémisphérique ou cylindrique 619

619. Fleurs toutes hermaphrodites, écailles de l'involucre inégales, très-scarieuses (page 379)........... HELYCHRYSUM.
Fleurs, les unes hermaphrodites, les autres femelles ou stériles..... (page 377)................... GNAPHALIUM.

620. Feuilles opposées, le plus souvent digitées (page 360).......... EUPATOIRE.
Feuilles alternes, toujours simples..... 621

621. Folioles de l'involucre disposées sur un seul rang ou sur deux rangs, dont l'un fort petit.......................... 622
Folioles de l'involucre imbriquées..... 623

622. Têtes de fleurs radiées.......... (page 361).................... TUSSILAGE.
Têtes de fleurs flosculeuses et dioïques (page 361)............... PÉTASITE.

623. Aigrettes nulles dans le bord et à 5 paillettes dans les graines du centre (page 409).................. XÉRANTHÈME.
Aigrettes toutes composées de poils nombreux (page 377). GNAPHALLIUM.

624. Folioles intérieures de l'involucre grandes, scarieuses, colorées et en forme de couronne (page 402).... CARLINE.
Folioles internes de l'involucre ni grandes ni colorées, ni en couronne..... 625

625. Réceptacle très-grand et très-charnu (page 398).............. ARTICHAUT.
Réceptacle peu ou point charnu (page 395)....................... CIRSE.

626. Involucre épineux (page 404) CARTHAME.
Involucre non épineux............... 627

627. Etamines insérées sur la corolle....... 628
Etamines non insérées sur la corolle (page 441)........................ Jasione.

628. Réceptacle nu ou chargé de poils...... 629
Réceptacle garni d'écailles ou de paillettes................................ 631

629. Toutes les graines nues, ou toutes munies d'une courte membrane........ 630
Graines extérieures nues, celles du centre munies d'une aigrette à 5 poils (page 409)............ Xeranthème.

630. Graines tout à fait nues; fleurons extérieurs entiers (page 380)... Armoise.
Graines couronnées par une petite membrane, fleurons extérieurs à 3 dents (page 382)................ Tanaisie.

631. Feuilles alternes....................... 632
Feuilles opposées, graines à 2 dents (page 368)................ Bidens.

632. Involucre à plus de dix folioles serrées (page 405)............. Centaurée.
Involucre à moins de dix folioles lâches (page 374)................ Micrope.

633. Radiées { Feuilles alternes ou radicales. 634
Feuilles opposées .... 648 }

634. Graines couronnées par une aigrette de poils................................ 635
Graines non couronnées de poils...... 643

635. Demi-fleurons de la même couleur que le disque.............................. 636
Demi-fleurons d'une autre couleur que le disque.............................. 641

636. Folioles de l'involucre imbriquées sur plusieurs rangs.................... 637
Folioles de l'involucre disposées sur un seul ou sur deux rangs............. 638

637. Cinq à six demi-fleurons à chaque fleur (page 367)............. VERGE D'OR.
Dix à douze demi-fleurons au moins... 639

638. Aigrette de poils simples tous semblables (page 371).................. INULE.
Aigrette double, l'intérieur formé de poils longs et l'extérieur de poils courts (page 372)........ PULICAIRE.

639. Feuilles radicales et naissant après les fleurs (page 361)......... TUSSILAGE.
Tiges garnies à la fois et de feuilles et de fleurs........................... 640

640. Involucre à deux rangs de folioles dont l'extérieur très-petit.......... (page 390)...................... SÉNEÇON.
Involucre à deux rangs égaux... (page 389)...................... ARNICA.

641. Demi-fleurons grêles, étroits et linéaires (page 366)............... ERIGÉRON.
Demi-fleurons larges et oblongs....... 642

642. Involucre imbriqué, rayons bleus (page 363)...................... ASTER.
Involucre court, à 2 rangs de folioles presque égales (page 365). STÉNACTIS.

643. Réceptacle nu........................ 644
Réceptacle garni de paillettes......... 647

644. Graines courbées, plissées et irrégulières (page 395).................. SOUCI.
Graines droites et régulières.......... 645

645. Graines nues au sommet ; folioles de l'involucre à un seul rang .... (page 365)................... PAQUERETTE.
Graines couronnées par un rebord membraneux, involucre imbriquée....... 646

646. Involucre hémisphérique, folioles scarieuses sur les bords .... (page 386) .... CHRYSANTHÈME.
Involucre plane, folioles peu scarieuses (page 386)............. MATRICAIRE.

647. Réceptacle plane (page 383). ACHILLÉE.
Réceptacle convexe (p. 384) CAMOMILLE.

648. Graines terminées par deux ou cinq dents ou arêtes, fermes et persistantes ; réceptacle étroit 649
Graines terminées par des arêtes molles et caduques ; réceptacle très-large (page 369) .... HÉLIANTHÈME.

649. Graines terminées par deux ou quatre dents accrochantes .... (page 368)......................... BIDENS.
Graines terminées par cinq arêtes (page 369) .... TAGETÈS.

650. NAYADÉES.
- Plantes flottantes, composées d'une ou plusieurs feuilles (p. 676) LEMNA.
- Plantes adhérentes au fond de l'eau, et où l'on distingue une tige et des feuilles 651

651. Feuilles entières ; fruits de la grosseur d'une tête d'épingle (p. 842). CHARA.
Feuilles linnées ; fruits de la grosseur d'un petit pois (page 675)... NAYADE.

CRYPTOGAMES.

652. Feuilles roulées en crosses avant leur développement 653
Feuilles non roulées avant leur développement 663

653. FOUGÈRES. { Fruits portés sur la surface inférieure de la feuille. 654
Fruits en grappes ou en épis distincts de la feuille 661 }

654. Capsules recouvertes d'un tégument.. 655
Capsules nues et non recouvertes par un tégument 660

655. Capsules groupées sur les bords de la feuille (page 858)............ PTÉRIS.
Capsules groupées à la surface même de la feuille 656

656. Capsules groupées en lignes allongées. 657
Capsules groupées en points ovales ou arrondis. 659

657. Lignes de fructification parallèles à la côte princip^le de la feuille (p. 857) BLECHNUM.
Lignes de fructification obliques ou perpendiculaires sur la côte........... 658

658. Lignes de fructification très-longues, couvertes d'un tégument à deux valves linéaires (page 857) ... SCOLOPENDRE.
Lignes de fructification assez courtes et couvertes d'un tégument à une valve (page 854)............... ASPLENIUM.

659. Tégument ombiliqué, attaché par le centre, et se détachant sur les bords, (page 852)............ POLYSTICHUM.
Tégument réniforme, se soulevant du sommet à la base (page 853) ASPIDIUM.

660. Capsules groupées en points arrondis très-distincts (page 850). . POLYPODE.
Capsules couvrant toute la surface inférieure des feuilles ou cachées par des écailles (page 849). . . . CETERACH.

661. Feuille entière (page 847) OPHIOGLOSSE.
Feuille pennée ou bipennée. 662

662. Capsules sessiles et opaques. . . . . (page 847). . . . . BOTRYCHIUM.
Capsules pédicellées, pellucides (page 849). . . . . OSMONDE.

---

663. Tiges articulées, à rameaux verticillés. 664
Tiges non rameuses, ou dont les rameaux ne sont pas articulés 665

664. Articulations entourées d'une gaine polyphylle (page 844). . . . . PRÊLE.
Articulations dépourvues de gaînes (p. 842). . . . . CHARAGNE.

665. Fructifications sessiles à l'aisselle des feuilles ou disposées en épis (page 859). LYCOPODE.
Fructifications pédicellées 666

666. MOUSSES. { Péristome double 667
Péristome simple. 675
Péristome nul . . . . 691 }

667. Pédicelle terminal. 668
Pédicelle latéral 673

668. Péristome intérieur membraneux. 669
Péristome intérieur bordé de cils ou de dents 670

669. Coiffe double, l'extérieure composée de longs poils (page 863)..... POLYTRIC.
Coiffe simple, hérissée de poils courts et fins (page 866)........ OLIGOTRIC.

670. Coiffe en forme de mitre............... 671
Coiffe ne couvrant pas entièrement la capsule.......................... 672

671. Capsule pyriforme, coiffe ventrue et tétragone à la base, toujours glabre (page 868)................. FUNAIRE.
Capsule non en forme de poire, coiffe non ventrue et souvent velue (page 909).................... ORTHOTRIC.

672. Capsule presque globuleuse..... (page 867)..................... BARTRAMIA.
Capsule pyriforme, obovale ou presque cylindrique (page 869)...... BRYUM.

673. Coiffe en forme de mitre........ (page 880).................... FONTINALE.
Coiffe ne couvrant pas entièrement la capsule.......................... 674

674. Péristome externe à seize dents droites, alternant avec les cils du péristome interne (page 878)........ NÉCKÉRA.
Péristome externe à seize dents ; péristome interne membraneux et divisé en seize segments égaux (p. 880). HYPNE.

675. Coiffe ne couvrant pas entièrement la capsule.......................... 676
Coiffe en forme de mitre.............. 683

676. Dents du péristome contournées en spirale (page 893)........... TORTULE.
Dents du péristome non tournées en spirale)........................... 677

677. Trente-deux dents........................ 678
Seize dents.............................. 681

678. Pédicelle latéral........................ 679
Pédicelle terminal....................... 680

679. Trente-deux dents réunies par paire à leur base (page 892)..... LEUCODON.
Seize dents bifides ou fendues en deux lanières jusqu'au milieu de leur longueur (page 898)......... DICRANUM.

680. Dents rapprochées par paires (page 896).................... DIDYMODON.
Dents bifides, placées à égale distance les unes des autres (page 898). DICRANUM.

681. Dents rapprochées par paires.... (page 896)..................... DIDYMODON.
Dents placées à égale distance les unes des autres.......................... 682

682. Dents bifides (page 898)... DICRANUM.
Dents entières (page 902) .... WEISSIA.

683. Péristome membraneux, conoïde, plissé et tronqué (page 913)... DIPHYSCIUM.
Péristome bordé de dents ou de cils... 684

684. Trente-deux dents 690
De quatre à seize dents entières ou bifides 685

685. Dents bifides (p. 903). THESANOMITRION.
Dents entières au sommet............. 686

686. Coiffe très-grande, en forme d'éteignoir, recouvrant toute la capsule.... (page 904)..................... ÉTEIGNOIR.
Coiffe non en éteignoir............... 687

687. Quatre dents (page 912) ... TÉTRAPHIS.
Huit ou seize dents..................... 688

688. Huit dents marquées de trois sillons longitudinaux, ou seize dents marquées d'un seul sillon (p. 909). ORTHOTRIC.
Seize dents non sillonnées 689

689. Dents du péristome en forme d'alêne et divisées dès la base........... (page 906)................. TRICHOSTOME.
Les dents du péristome pyramidales, entières ou perforées (p. 907) GRIMMIA.

690. Trente-deux dents réfléchies; capsule portée sur une apophyse...... (page 913)...................... SPLANC.
Trente-deux dents filiformes et contournées en spirale; capsule dépourvue d'apophyse (page 905).. CINCLIDOTE.

691. Opercule passager.................... 692
Opercule persistant (p. 917). PHASQUE.

692. Coiffe peu distincte, qui se rompt en long et entoure la base de la capsule (page 915)................ SPHAIGNE.
Coiffe très-distincte, qui se rompt en long et n'entourant pas la base de la capsule. 693

693. Coiffe en capuchon, opercule oblique, terminé par un bec........... (page 914)................. GYMNOSTOME.
Coiffe en forme de mitre, opercule aplati (page 915).............. ANICTANGIUM.

FIN DE LA TABLE ANALYTIQUE.

www.ingramcontent.com/pod-product-compliance
Ingram Content Group UK Ltd.
Pitfield, Milton Keynes, MK11 3LW, UK
UKHW020944180726
13838UKWH00003B/1105

9 782329 245119